多高层钢结构住宅工程建造指南

中国施工企业管理协会　编著

中国建筑工业出版社

图书在版编目（CIP）数据

多高层钢结构住宅工程建造指南/中国施工企业管理
协会编著. —北京：中国建筑工业出版社，2020.2
ISBN 978-7-112-24807-0

Ⅰ. ①多… Ⅱ. ①中… Ⅲ. ①高层建筑-钢结构-
住宅-建筑工程-指南 Ⅳ.①TU241.8-62

中国版本图书馆 CIP 数据核字（2020）第 011654 号

　　本书介绍了国内外钢结构住宅的发展现状以及国内的政策需求，结合目前我国钢结构
住宅工程建设情况，以问答的形式，介绍了多高层钢结构住宅工程建造的问题及对策，并
对未来的发展方向进行了展望。
　　本书可作为建设单位、设计单位和施工单位实施钢结构住宅工程建造的技术参考，也
可作为业内技术人员学习了解钢结构住宅相关知识的资料。

　　责任编辑：赵梦梅
　　责任校对：芦欣甜

多高层钢结构住宅工程建造指南
中国施工企业管理协会　编著
*
中国建筑工业出版社出版、发行（北京海淀三里河路 9 号）
各地新华书店、建筑书店经销
霸州市顺浩图文科技发展有限公司制版
北京同文印刷有限责任公司印刷
*
开本：787×960 毫米　1/16　印张：7½　字数：145 千字
2020 年 6 月第一版　2020 年 6 月第一次印刷
定价：**35.00** 元
ISBN 978-7-112-24807-0
（35342）

《多高层钢结构住宅工程建造指南》
编委会

编委会主任：曹玉书

编委会副主任：李清旭　童根树　尚润涛　毛志兵　龚　剑

编 著 单 位：中国施工企业管理协会

杭州铁木辛柯建筑结构设计事务所有限公司

中建科工集团有限公司

浙江绿城建筑设计有限公司

浙江中天恒筑钢构有限公司

山西建设投资集团有限公司

云南建投钢结构股份有限公司

上海建工一建集团有限公司

中国建筑第七工程局有限公司

北汇绿建集团有限公司

绿城中国建研中心

浙江龙湖房地产开发有限公司

金茂置业（杭州）有限公司

铁木辛柯（浙江）金属结构有限公司

参 编 人 员：（按姓氏笔画排列）

王彦超　朱文伟　朱毅敏　刘　晖　许　航　孙　伟
李保忠　李醒冬　杨红芳　沈家文　张太清　张先龙
陈　强　胡松涛　洪　奇　晋卫兵　贾树华　徐　晗
徐　磊　黄延铮　盛于洲　蒋金生　鲁　华　温学彬

序　言

　　党的十九大明确提出，中国特色社会主义进入新时代后，我国社会主要矛盾已经转化为人民日益增长的美好生活需要和不平衡、不充分的发展之间的矛盾。随着我国经济社会的快速发展，广大人民群众的生活水平不断提高，人均住房面积大幅度提升，我国基本解决了人民群众"住房"有没有的问题。进入新时代，摆在每一位建筑人面前的，就是如何进一步提升住宅的品质，解决广大人民群众"住得好不好"的问题。建设高品质住宅，应成为建筑业发展的一个重要目标。

　　什么是"高品质"住宅？我认为，随着我国基本实现工业化、逐步迈向智慧化，"高品质"的住宅应该是全生命周期具备安全、舒适、绿色、智能等特点。从建造方式和使用材料看，目前我国住宅产品的主要建筑形式包括现浇混凝土住宅、装配式混凝土住宅、钢结构住宅以及木结构住宅。其中，传统现浇混凝土住宅在市场上占据绝大份额。但是，随着我国经济已由高速增长阶段转向高质量发展阶段，建筑业面临着深化供给侧结构性改革的重要任务，传统的现浇混凝土住宅难以适应新发展理念和新形势的要求，住宅建筑必将进行更新换代实现产品升级。在新型住宅产品中，钢结构住宅应该说符合国家新发展理念，具备了高品质住宅的基本特性，正受到政府、行业和用户的广泛关注。首先，钢结构住宅具有建设周期短、抗震性能好、可变大空间、材料绿色循环、装配化程度高等特点，代表着我国住宅产业化发展的方向。与传统现浇混凝土住宅相比，钢结构住宅多为框架剪力墙结构体系，具备大空间、大开间的特点，方便小业主根据家庭人口变化不断进行空间调整。同时，钢构件、外墙、内隔墙和装饰材料等均可以在工厂加工制作，现场实施全装配化施工，能够实现高度的工业化大规模生产。其次，钢结构住宅的生产、建设、使用可以和物联网、人工智能、5G等新一代信息技术进行很好的融合，能够实现从设计、施工、材料供应到后期运维的全过程信息化管理，可以大幅度提高生产效率和用户体验感。第三，钢结构住宅是一种新型的工程建造方式。建造方式的转变，必然带来政府监管模式、项目管理承包方式以及生产要素（建筑工人、建筑材料和施工装备等）的变化，从而带动建筑业全产业链的转型升级。

　　近年来，一大批建设、设计、施工和建材企业专注于钢结构住宅的科研和实践，使得钢结构住宅的技术标准和产品体系日臻完善，钢结构住宅工程的施工面积和竣工面积越来越大。但是，在钢结构住宅的推广和建设过程中，也存在社会认知度不高、产业化程度低、相适应的部品部件不丰富、钢结构建筑产业工人缺乏等问题。为了推动钢结构住宅建造技术进步与创新，我会科委在进行了大量专题调研的基础上，广泛征求各方意见和建议，组织在钢结构住宅建设方面做得比较好且具有丰富实践经验的科研、建设、设计和施工等单位，编著了这本《多高层钢结构住宅工程建造指南》，希望能给钢结构住宅建设各方提供有益的参考。本书介绍了国内外钢结构住宅的发展现状、钢结构住宅的优势以及目前国内市场的需求情况，以问答的方式介绍了目前钢结构住宅建设中存在的主要管理问题和关键技术问题，并对未来的发展方向做了展望。

希望本书能起到抛砖引玉的作用，促进钢结构住宅工程建设各方充分发挥主观能动性，共同学习、共同研究、共同实践、共同发展，不断完善钢结构住宅产品体系，提升钢结构住宅工程建设项目管理水平，提高钢结构住宅工程建设的技术能力和产品质量水平，推动我国建筑业实现高质量发展。

中国施工企业管理协会会长　曹玉书
2020 年 4 月

前　　言

　　为贯彻落实新发展理念，深入推进建筑业供给侧结构性改革，大力发展新型建造方式，推动钢结构住宅工程建造技术进步与创新，提升钢结构住宅工程的品质，中国施工企业管理协会组织开展了钢结构住宅专题调研工作，邀请行业知名专家赴上海、杭州、武汉、太原、淄博、昆山等地考察钢结构住宅工程和钢构件加工厂。并在调研的基础上，组织房地产开发、工程设计、施工总承包等方面的企业编写了《多高层钢结构住宅工程建造指南》。

　　《指南》从政策、市场和技术三个维度，介绍了我国钢结构住宅的历史沿革及发展现状，针对多高层钢结构住宅工程建设过程中遇到的设计、施工及材料加工等方面的问题，特别是社会关心的外围护系统、防火防腐和居住舒适性等焦点问题，结合工程实例给出了解决的思路、办法和措施。对在工程建设行业推广钢结构住宅的建造方式，具有一定的实践指导意义。

　　由于时间仓促，难免有遗漏和不足之处，请谅解。

目　　录

第1章

钢结构住宅基本概况

1.1 钢结构住宅的基本概念

1.1.1 什么是钢结构住宅

住宅建筑由主体结构、围护墙体、机电设备、管线及装饰装修等部分组成，其中以钢结构为主要受力结构的住宅建筑，可称之为钢结构住宅。

钢结构住宅具有强度高、延性好、适合工厂化生产等优点，作为住宅的结构体系，适应住宅产业化的发展方向。受钢结构本身特性的限制，钢结构住宅设计必须充分考虑构、配件的模数化、标准化。同时，钢结构住宅的主要受力构件为钢构件，必须进行防腐防火处理，而且常用填充墙体材料、相关连接节点、楼板做法、门窗节点、机电设备、装饰装修做法等，都与传统混凝土建筑有较大的差别。

1.1.2 钢结构住宅的分类和形式

从国内钢结构住宅应用的案例来看，以钢结构住宅的高度和构成形式来分类，钢结构住宅主要有低层冷弯薄壁型钢房屋建筑、多层轻型钢结构住宅、高层重型钢结构住宅等几种形式。

1.1.2.1 低层冷弯薄壁型钢房屋建筑

低层钢结构住宅一般指1~3层的住宅，多采用冷弯薄壁型钢房屋建筑形式。如图1.1.2.1所示。

低层冷弯薄壁型钢房屋建筑是在国外应用比较成熟的一套住宅体系，包括生产配套用的设计软件和独立的加工设备、全面稳定的配套材料供应链。所有结构材料已经可以实现完全工厂化预制，甚至可以实现工厂预拼装；现场安装就是简单的装配过程，全部干作业，真正实现住宅结构设计、生产完全成品化、产业化。

低层冷弯薄壁型钢房屋建筑的基本构件主要有 U 形和 C 形两种截面形式，

钢材采用 Q235 或 Q345，壁厚一般在 0.45～2.50mm，可以组成墙体、楼盖、屋盖的主要受力结构，同时作为围护体系的龙骨。冷弯薄壁型钢截面形式定型化，种类数量有限，结构用钢量经济。

楼板和墙板一般采用经过防水、防腐处理的定向刨花板或胶合板，外墙板一般采用纤维水泥板或铝板，内墙面及吊顶多采用防火石膏板。

轻钢龙骨之间的连接，采用螺钉、拉铆钉、普通钉子、射钉、螺栓及扣合件等。图 1.1.2.2 给出了低层冷弯薄壁型钢房屋建筑的楼盖和墙体构造。

图 1.1.2.1　低层冷弯薄壁型钢结构住宅

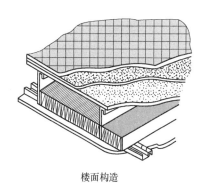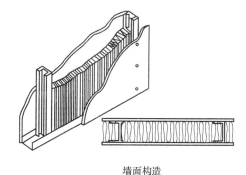

楼面构造　　　　　　　　　　　　　　　　墙面构造

图 1.1.2.2　低层冷弯薄壁型钢房屋建筑的楼盖和墙体构造

《低层冷弯薄壁型钢房屋建筑技术规程》JGJ 227—2011 对该产品的材料、设计、制作、安装、实验检测和维护进行了详细的规定。

低层冷弯薄壁型钢房屋建筑，由于其空心墙、空心楼板等特性，与国内传统砖石结构的建筑质感有较大差别，习惯了实心墙的用户，对该产品的安全性了解不够，对产品的舒适性接受度较差。目前国内厂家多将产品用于出口，以及在一些别墅类建筑中应用。

1.1.2.2 多层轻型钢结构住宅

多层住宅一般指 4～6 层的住宅，多采用轻型钢框架体系，适用于层数不超过 6 层的非抗震区或抗震烈度 6～8 度地区的建筑。轻型钢结构住宅的构件宜选用热轧 H 型钢、高频焊接或普通焊接的 H 型钢、冷轧或热轧成型的钢管、钢异形柱等，截面板件的宽厚比可以选用 S3～S4 级的截面。图 1.1.2.3 给出了一个多层钢结构住宅的案例。

由于建筑整体高度比较低，风荷载和地震作用等对结构侧向刚度不起控制作用，结构自身框架能满足抗侧要求，通常采用无支撑、剪力墙或少量支撑、剪力墙的结构体系。这样结构的空间布局特别灵活。同时，由于结构体量较小，结构梁柱构件的截面选择也比较灵活，可以选择由宽厚比较大的板件组成的异形构件，占用空间小，布置灵活多变。

《轻型钢结构住宅技术规程》JGJ 209—2010 适用于以轻型钢结构框架为结构体系，并配套有满足功能要求的轻质墙体、轻质楼板和轻质屋面的建筑系统，层数不超过 6 层的非抗震设防以及抗震设防烈度为 6～8 度的轻型钢结构住宅的设计施工及验收。图 1.1.2.4 所示为轻型钢结构住宅中的钢异形柱截面构造示意。

图 1.1.2.3 多层钢结构住宅

因为地震整体性要求不像高层那么严格，结构楼面体系、墙面体系可以选择轻质材料组成的整体楼板、墙板构件，现场可以装配化施工，施工速度快，只需要小型的施工机具就可满足吊装要求。

轻型钢结构住宅是一种专用建筑体系，轻型钢结构住宅的设计与建造必须要有材性稳定、耐候耐久、安全可靠、经济适用的轻质围护配套材料及其与钢结构连接的配套技术，尤其是轻质外围护墙体及其与钢结构的连接配套技术。由于其轻型的特点，结构性能优越，建筑层数又不超过 6 层，易于抗震，只要配套材料和技术完善，则经济性能较好。

轻钢低、多层住宅建筑，主要优势在于体量小结构轻，构件轻便，施工安装

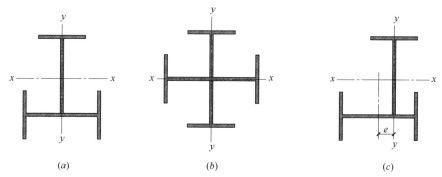

图 1.1.2.4　轻型钢结构住宅中的钢异形柱
（a）T 形截面；（b）十字形截面；（c）L 形截面

简单。可以用于现场不具备常规施工条件的地区，大部分工作在工厂完成，现场只需要简单的吊装。

1.1.2.3　高层重型钢结构住宅

《高层民用建筑钢结构技术规程》JGJ 99—2015 规定，10 层及 10 层以上或房屋高度大于 28m 的住宅建筑，适用于本规程。我们习惯把符合上述标准的钢结构住宅建筑称为高层钢结构住宅。

高层钢结构住宅，由于楼层多、自重大、抗侧要求高，结构构件多选用箱形柱、钢管混凝土柱、钢板组合剪力墙、热轧 H 型钢梁或焊接 H 形钢梁。由于抗震要求严格，截面板件的宽厚比可以选用 S1～S3 级的截面。为了与轻型钢结构住宅区分，因为高层钢结构住宅所采用的钢构件具有截面板厚大的特点，故称为高层重型钢结构住宅。图 1.1.2.5 给出了两个高层钢结构住宅的工程案例。

高层钢结构住宅与低层和多层钢结构住宅不同，除了要考虑竖向荷载外，水平荷载和地震作用一般会成为控制因素，通常需要采用框架-支撑、框架-剪力墙等双重抗侧力体系。在结构布置中需要结合建筑户型特点，重点考虑抗侧力构件

北汇绿建闽江路小区49号楼、51号楼

龙湖紫金上城高层钢结构公寓

图 1.1.2.5　高层钢结构住宅

在平面的位置，确保结构能满足风振舒适度、抗震多道防线、层间位移角、刚度比等要求，这些是高层钢结构住宅特有的问题。

高层钢结构住宅的结构部分主要由竖向承重结构和抗侧力结构构成，需要满足在竖向荷载、风荷载和地震作用下的结构强度、稳定、刚度侧移以及使用舒适性要求。围护墙体要满足抗风、保温隔热、耐候、抗震、防水等需求。与多层建筑相比，高层钢结构住宅对钢结构的防火、结构安全等性能的要求更高。

高层钢结构住宅结构体系的优点是结构承载能力高、抗侧刚度好，适用于我国城市中占比最多的高层单元式住宅，能有效满足民众、开发商以及政府规划部门的需求。

我国人口多、耕地少、人口密度大的国情，决定了住宅用地的高容积率是难以避免的，高层钢结构住宅由于自身的一些优势和特点，必将在我国住宅市场中占据越来越重要的地位。

1.2 钢结构住宅的发展历程

1.2.1 国外钢结构住宅的发展

1.2.1.1 国外低层钢结构住宅的发展

国外低层独立式住宅是居住建筑的主流，因此成体系、产业化程度高的钢结构住宅也多为低层住宅。

1. 日本的钢结构住宅

日本工业化住宅有木结构、混凝土结构和钢结构三种类型，到 20 世纪 90 年代末，日本预制装配住宅中木结构占 18%，混凝土结构占 11%，钢结构占 71%。目前日本每年新建低层住宅 20 万栋左右，建筑面积大约 300 万 m^2。钢结构工业化住宅生产厂家规模比较大的有 7～8 家，著名的有大和、积水、旭硝子和新日铁等。日本国土处于太平洋地区地震带中，确保居住者的生命和财产安全，追求良好的抗震性，是钢结构住宅设计的基本准则。日本的钢柱用 3.2mm 厚的 C 型钢组成工字形、箱形截面，另外也有采用 H 型钢或钢管混凝土柱。梁采用 5.5mm、8mm 的 H 型钢。平均钢骨架用钢量在 60kg/m^2。梁柱采用镀锌合金钢加工，磷铁膜化学处理后，再进行树脂涂料电着涂层，需要防火时再采用喷防火涂料或者用板材包裹隔断。

现在日本正在提倡钢材俱乐部提出的钢结构住宅体系（Steel Mansion1000），它包括以下几方面内容：

（1）柱间跨度 14.4m，可实现 200m^2 的无柱空间，其空间中可容纳自由分割住户 1～3 户。

（2）设备独立于构架，设备的管道维修方便。

（3）柱采用钢管混凝土，梁采用 FR 钢（Fire Resistant Steel），耐火钢可以简化防火处理。

（4）地面为 PC 板＋现浇 RC 结构，采用倒梁、倒板、形成双重地板，使所有的设备管道都容纳在地板下面。

（5）外墙采用 ALC 板、轻质的 PC 板等干式施工法。

（6）分户墙采用隔声性能高的强化石膏板，干式施工方法。

日本政府及企业也在研究并推广百年住宅体系，包括以下两方面的研究内容：

（1）如何提高住宅耐久性以及什么样耐久性比较合适。

（2）适应家庭变化和反映对住宅的价值观，研究构架与住户分离方案，将主体结构部分建造得十分牢固，具有 100 年以上耐久性，室内无柱的大空间可根据家庭人口的变化和时代的变迁进行灵活分隔和改变。

2. 法国的钢结构住宅

法国于 1977 年成立了构件建筑协会（ACC），以发展构配件制品和设备，1978 年制定了尺寸协调规则。同年，住房部提出"构造体系"（System Construction）。它是由施工企业或设计事务所提出的主体结构体系，由一系列能互相代换的定型构件组成，形成该体系的构件目录。建筑师可以选用其中的构件，像搭积木一样组成多样化的建筑，也称为积木式体系（Meccano）。

构造体系实际上是一种以构配件为标准化的体系，比以户单元、构造单元或楼层平面为标准定型组合的样板住宅在设计上更为灵活。建筑师使用这种体系时，必须采用构件目录中的构件，并遵循相应的设计规律，在建筑艺术上也要受到一定的限制。所以一般不主张在全国只搞一个构造体系，而是主张搞一批，以供业主单位挑选，增加建筑的变化。但也不宜过多，以免减少每一个体系的平均生产批量，影响经济效益。

到 1981 年，法国全国已经确定 25 种工业化建筑体系，年建造一万户。在这 25 种体系中有木结构的，钢结构的，更多的是混凝土预制体系。其中 ETOILE 体系中的 TTA 型是一种钢结构体系，它以壁厚 6、7、8、10mm 或 12mm 的钢柱为基本立柱构件，柱内填混凝土。标准柱高为 250cm。楼板为厚 21cm、宽 240cm、长 540～630cm（变化模数 30cm）的梭形板，搭在柱头上，以螺栓连接。外墙构件由于该体系构件尺寸符合"尺寸协调协定"的有关规定，可在市场上采购符合规定的各类非承重外墙构件。隔墙厚 16cm，标准构件高 250cm，长度 450～630cm，门窗和设备均采用适用的市场产品。构造体系的共同特点如下：

（1）为使多户住宅的室内设计灵活自由，结构上较多采用框架或板柱结构，墙体承重体系向大跨度发展。

（2）为加快现场施工速度，创造文明施工环境，不少体系采用焊接、螺栓连接。

（3）倾向于将结构构件生产和设备安装及装修工程分开，以减少预制构件中的预埋件和预留孔洞，简化节点，减少构件规格。

（4）施工质量高。这些体系无论是构件生产还是现场施工，施工质量都能达到较高水平。

（5）构造体系最突出的优点是能保证建筑设计灵活多样。它作为一种设计工具，仅向建筑师提供一系列构配件及其组合规律，建筑师有较大的自由，可设计出不同的造型。

3. 芬兰等北欧国家的钢结构住宅

芬兰的钢框架住宅有两种体系，一种是采用 Termo 龙骨的轻钢龙骨结构体系，另一种是普通钢框架体系。

Termo 轻钢龙骨结构体系以热浸镀锌薄壁钢板制作龙骨，壁厚 1.0～2.0mm，截面形式有 C 形（主要用于垂直构件）和 U 形（主要用于地梁和顶部水平横梁），门窗洞口过梁采用两个 C 形构件组合成工字形截面。与普通型钢的主要区别是 Termo 檩条的腹板上打了不同形状的槽孔，其目的主要是要削弱冷桥的作用，改善钢龙骨的隔热性能。槽孔使 Termo 龙骨框架的隔热性能比普通钢框架提高 90%，而由于槽孔对截面的削弱，构件承载力强度只降低 10%。由于框架隔热性能的提高对于地处高纬度的北欧国家可以大大降低能源消耗，北欧其他国家如瑞典、丹麦等国也采用类似的结构体系。这种体系一般用于独立式住宅。

普通钢框架体系一般用于两层或多层住宅建筑。型钢截面有 H、I、L、Z 和 T 形，其中 I 型钢适用于受弯的梁，宽翼缘 H 型钢既可用于梁又可用于柱，L 形、U 形截面型钢适用于边梁和边柱。钢柱采用方管、圆管截面或热浸镀锌开口截面，用于框架柱时，还可以在管内填混凝土，以增加钢柱受压强度和耐火性能。楼板通常为全现浇混凝土或压型钢板组合楼板，一方面保证其承载力，另一方面满足与钢柱连接的要求。

住宅的承重和非承重外墙都采用轻型钢骨架，外墙既可以现场拼装也可以采用做好外饰面板的预制单元。外墙板的骨架是一种夹心构造，中间是承重骨架，内填保温材料，外侧装 9mm 防腐蚀石膏抗风板，最外层是建筑装饰板，内侧是防潮层和内饰面板。内外饰面板种类较多，如外饰面板有木板、金属板、水泥板、PVC 板等，内饰面板通常用石膏板、木纤维板等。内墙板为轻钢龙骨双面石膏板。由于户间隔墙对防火和隔声的要求都要高于户内隔墙，因此户间隔墙往往采用双框架、锯齿型框架，或在框架的杆件中部弯折以增加框架的弹性，从而提高隔声效果。

4.英国钢结构住宅

"二战"后，为解决房荒问题，英国与欧洲其他国家一样采用了工业化方式建设大量住宅，20世纪60～70年代后，在住宅的结构体系上，出现了多元化趋势，有木结构、钢结构、钢筋混凝土结构等，但也存在一些问题，1998年，在"衣根报告"（"建筑生产反思"报告）中，提出了通过建筑新产品开发，集约化组织，工业化生产，以达到下述目标：成本降低10%，时间缩短10%，可预测性提高20%，缺陷率降低20%，事故发生率降低20%，劳动生产率提高10%，最终实现产值利润率提高10%。

英国钢结构住宅结构体系的主要构件包括：墙面支撑立杆（Wall studs）、楼面梁（Floor studs）、屋面结构、檩条和抗风支撑。根据体系预制单元的大小不同分为"Stick"结构、"Panel"结构及完全模块体系（Modular）。"Stick"结构中所有杆件均在工厂按设计要求加工完成，以单根形式运至现场，在现场采用螺栓或自攻螺钉组装；"Panel"结构中带骨架的墙板、屋面板及屋架均在工厂用专用模具预制成型，现场建造速度更快，质量易于控制，但相应增加运输费用和现场起重设备；模块体系则是将整个房间作为一个模块，全部在工厂预制，运抵施工现场的是一个包括地毯、窗帘、家具及各种设备的完整的房间单元。

5.澳大利亚钢结构住宅

澳大利亚早在20世纪60年代就提出了"快速安装预制住宅"的概念，但由于市场尚未成熟，并未得到很好的发展。到了1987年，高强度冷弯薄壁钢结构出现，澳大利亚与新西兰的联合规范AS/NZS4600冷弯成型结构钢规范于1996年发布实施。这种钢材承载力高，与相同承载力的木材相比，只是木材的1/3重，表面经镀锌处理，在免大修的情况下，耐久性可达75年。另外，它还发展了一种称为"速成墙"（Rapiwall）系统，它是一种中间挖空的板材，在工厂制造时已完成装修，主要成分为石膏板、玻璃纤维和水密聚酯材料等的混合体，重量为38kg/m^2。标准板尺寸为（长）13m×（宽）2.85m×（厚）12mm。它也可以裁剪成任何长度和高度的组合件，在其中孔洞处灌注混凝土，则可以起到较好防火、隔声、防热作用，另外还可以用于内外墙体。

6.意大利钢结构住宅

意大利BSAIS工业化建筑体系是新意大利钢铁公司和热那亚大学合作研究设计的新型房屋建筑体系，该建筑体系造型新颖、结构受力合理、抗震性能好、施工速度快、居住办公舒适方便，采用CAD计算机辅助设计和CAM计算机辅助制造，适用于建造1～8层钢结构住宅。在欧洲、非洲、中东等地区大量推广应用。BSAIS体系建筑平立面设计采用定型化、模数化，纵向扩展尺寸为$l=T+nM+T+nM\cdots$；横向扩展尺寸为$b=nM\cdots$。其中，T为内部组装间隙，M为60cm模数，n为模数倍数。高度方向：模数M随着内部组装方向取30cm

和15cm的倍数。整个建筑体系设计具有较大灵活性，是开放式的。可采用各类型的楼板、内外墙、门窗，并可满足水暖电设备的安装要求。

BSAIS结构体系为框架支撑结构形式，钢材品种规格少，方便制作与施工，降低成本。该体系仅五种类型钢材：热轧H型钢HEB140用于柱；冷弯型钢C280、C180、C120用于主次梁；角钢用于连接部分；厚度小于10mm的有孔板用于楼梯等；波高小于80mm的压型钢板用于屋面。

BSAIS所有体系构件均在工厂制作，运到施工现场安装，现场无焊接作业，除楼板和基础需现场浇筑混凝土外，没有其他湿作业，安装梁柱时，采用同一标准的螺栓连接，节点标准统一，提高劳动生产率。外墙内侧为100mm厚玻璃棉铝箔隔气层，轻钢龙骨石膏板玻璃棉平屋顶为组合板，上面做保温、防水。

7. 美国钢结构住宅

美国是最早采用钢框架结构建造住宅的国家和地区之一，其轻钢建筑体系化生产可追溯到19世纪末，当时大量采金者涌入美国的旧金山淘金寻宝，为满足他们的住房需求，一位纽约的金属屋顶承包商将几百套便携式金属活动房推向市场，这就是最早的轻钢装配式住宅。在北美，大部分的小住宅采用木结构，美国每年要建造130万幢住宅，采用木结构将要砍伐5000万棵树木。生态环境的破坏使木材价格不断上涨。另外，1992年在加州的Landers/Big Bear地震中倒塌的建筑，木框架房屋占了一大部分。鉴于经济性、安全性能（抗震、防火）以及耐久性能的综合考虑，越来越多的房屋开发商转而经营钢结构住宅，轻钢结构住宅的价值也得到普遍认可。1965年轻钢结构在美国仅占建筑市场15%，1990年上升到53%，而1993年上升到68%，到2000年已经上升到75%。据统计，1996年美国已有了20万幢钢框架小型住宅，约占住宅建筑总数的20%。

经过四年的研究和发展，在2000年，由美国住房和城市发展部（HUD）、国家住房建设协会（NAHB）和美国钢铁协会（AISI）共同编制了专门针对冷拉轻钢结构住宅的描述性规范《The Prescriptive Method for Residential Cold Formed Steel Framing》。该规范从基础、墙体、楼板、屋面以及保温隔声和设备安装等方面全方位介绍了目前在美国被推广应用的轻钢龙骨承重墙体系住宅，该体系以2inch×4inch为模数，适用于建造一、两户人家的小住宅、城市联排住宅和低层集合住宅。单栋建筑物最大尺寸应控制在11m×18m（宽×长）以内，楼面最大荷载首层不大于$1.92kN/m^2$，二层不大于$1.44kN/m^2$，设计最大风速不超过117m/sec。钢骨形状通常为C形或L形，厚100～150mm，结构体系的连接为专用高强螺钉，薄壁钢骨根据需要在满足规范要求的前提下可以开槽、开孔以备管线埋设和连接件穿过。

1.2.1.2 国外多高层钢结构住宅的发展

国外的多高层钢结构住宅一般为公寓和酒店式住宅，其结构形式和建筑材料种类较多，与公共建筑的区别不大。常用的钢结构体系有框架体系、框架支撑体系、混合结构体系和交错桁架体系。

1. 框架体系

框架体系是最常见的，它将梁柱构件刚接，依靠梁柱受弯来承受竖向荷载和水平荷载，这种体系用于多层钢结构住宅是适合的。它的特点是可以做成大开间，充分满足建筑布置上的要求。柱子采用轧制或焊接工字钢、方钢管、圆钢管或冷弯型钢组合断面，也可以采用钢管混凝土。主梁采用 H 型钢，次梁可以有多种做法。

2. 框架支撑体系

这种体系借助支撑来承受水平力和提供侧向刚度。当房屋较高时，它比纯框架来得经济。另外，采用人字支撑等还可以起到减小梁跨度的作用，从而减小梁的截面。支撑要在适当位置设置，以便与建筑设计相协调。通常用槽钢或角钢在墙体平面内布置垂直支撑体系。根据要求可沿纵、横向单向布置或双向布置。考虑到门窗的布置，可采用 X 形、单斜杆形、人字形、倒人字形、W 形、倒 W 形、门式等形式，还可采用偏心支撑。在不影响建筑功能的前提下，在平面上支撑应均匀布置。支撑与框架铰接，按拉杆或压杆设计。

3. 混合结构体系

国外在多高层住宅中也广泛采用混合结构和组合结构。将混凝土剪力墙围绕楼梯和电梯间等设置形成核心筒，对于防火和疏散都较有利。全部水平荷载均由核心筒承受，钢框架只承受竖向荷载，这样钢结构可以做得很简单。这种房屋在欧洲较为普遍，早在 20 世纪 70 年代就已大量兴建。

4. 交错桁架体系

美国于 20 世纪 60 年代中期开发的结构体系，1986 年，美国新泽西州大西洋城建造的 43 层国际旅游饭店采取了这种方案，从而把它的应用在实践上推向 100m 以上的高层建筑。交错桁架体系的特点是：桁架高度等于层高，在同一楼层的相邻框架和上下楼层都是间隔布置，房间有两倍柱距的宽度，这样可以满足建筑上大开间的要求，结构上又可采用小柱距和短跨楼板，使楼板跨度减小，能减轻结构自重。层高可以取得很小，在住宅中可以做到 2.6m。腹杆采用斜杆体系和华伦氏空腹桁架体系相结合，便于设置走廊，房间在纵向必要时也可连通。底部二层可以采用托挂结合，使一层形成无柱大厅，用作车库比较方便。顶层也可采用托挂结合。桁架隔层布置，减小了桁架弦杆引起的局部弯矩，柱子主要受轴力。框架横向刚度大，侧向位移容易满足要求。

1.2.2　国内钢结构住宅的发展

我国钢结构建筑的发展，是随着钢产量和经济发展逐步发展起来的。但由于钢材价格较贵，主要应用于能发挥钢结构轻质高强性能优势的工业建筑、超高层建筑、大跨空间建筑等建筑中。钢结构在住宅中的应用，目前在国内住宅市场中占比较小，不到1%，随着国家政策的支持力度不断加大，钢结构住宅的应用会越来越多。

1.2.2.1　20世纪我国钢结构住宅的尝试

新中国成立后，我国钢产量低，1950年粗钢产量60万吨，这一直是制约我国工业发展的一个问题，钢结构在建筑中的应用局限于一些标志性公共建筑和工业建筑中，在民用居住类建筑中应用只有一些零星的尝试。

1986年，新意大利钢铁公司和冶金建筑研究院合作建设了一幢二层钢结构样板间，采用H型钢作为承重梁柱，组合楼板、外墙为陶粒混凝土板。

1987年，北京展览馆宾馆采用钢结构建造，宾馆主楼7层，连体住宅为3层。宾馆主楼采用中间走廊、两排客房的建筑方案，建筑用钢材主要从加拿大进口，梁柱采用焊接方钢和H型钢等材料。

1994年，上海浦东北蔡建了一幢8层钢结构住宅，采用框架承重体系。由于造价低廉，无电梯，使用了稻草板，防火上存在隐患。楼板刚度不够，影响用户舒适性。

1998年中铁紫荆钢结构公司建设了一幢3层实验楼，结构体系采用钢框架-核心筒结构，梁柱采用焊接H型钢，楼梯间采用现浇混凝土核心筒。经过专家论证，选用六种墙体进行实验，检查各种材料性能及安装施工工艺。内隔墙主要有陶粒空心板、增强石膏板及空心石膏板和稻草板层。楼板采用压型钢板组合楼板，屋面为坡屋面。

1.2.2.2　21世纪钢结构住宅的系统研究

1997年我国钢产量首次突破一亿吨，国家开始大力支持在建筑中应用钢材。

钢结构住宅在我国的应用和发展，是从1999年国务院办公厅转发建设部等八部委《关于推进住宅产业现代化提高住宅质量若干意见》文件之后，各高校、科研院所、企业等，从不同方面对钢结构住宅体系进行研究，也取得了一些成果。这里仅列出建设部从2001年到2003年组织立项的36项有关"钢结构住宅体系以及关键技术"的研究课题，这些项目的实施为钢结构住宅在我国的发展提供了理论基础和实践依据。

1. 莱芜钢铁公司承担的"H型钢结构住宅建筑体系研究"。

2. 马鞍山股份公司设计研究院承担的"H型钢结构体系高层住宅产业化技术研究"。

3. 浙江精工钢结构有限公司承担的"多高层钢结构住宅技术开发"。

4. 天津市建筑设计研究院承担的"现代高层钢结构住宅体系的研究"。

5. 天津建工集团总公司承担的"钢混凝土组合结构住宅建筑体系"。

6. 湖南大学承担的"高层钢结构交错桁架住宅系统的关键技术研究"。

7. 上海钢协结构建筑设计研究有限公司承担的"方钢管混凝土典型物样及节点的力学性能及极限承载力的理论与实践研究"。

8. 太原理工大学建筑与环境工程学院承担的"轻钢结构多层住宅建筑体系的研究与开发"。

9. 山东安尔发建筑科技有限公司承担的"钢结构复合三板住宅建筑体系研究与开发"。

10. 上海市建筑科学研究院承担的"钢结构住宅研究"。

11. 南京旭建新型建材有限公司承担的"ALC 板在钢结构住宅体系中的应用技术研究"。

12. 湖北昊角新材料股份有限公司承担的"新型空腔结构板轻钢住宅体系应用研究"。

13. 清华大学承担的"钢结构居住建筑成套技术开发"。

14. 同济大学承担的"高层钢-混凝土混合结构住宅体系的开发研究"。

15. 沈阳尼沃实业有限公司承担的"尼沃智能供暖系统在钢结构住宅中的应用"。

16. 中巍钢结构设计有限公司承担的"大空间高层钢结构住宅应用"。

17. 北京住总集团有限责任公司承担的"钢结构住宅研究"。

18. 湖南远大铃木住房设备有限公司承担的"远铃整体浴室"。

19. 北京埃姆特钢结构住宅有限公司承担的"MST 冷弯薄壁型钢支撑框架结构别墅住宅建筑体系"。

20. 青岛建筑工程学院承担的"轻型钢结构建筑住宅体系的开发与研究"

21. 四川汇源钢建科技有限公司承担的"钢结构住宅关键技术的应用与研究"。

22. 北京世纪安泰建筑工程有限公司承担的"钢结构住宅建筑体系研究"。

23. 北京莱特轻钢建筑结构有限公司承担的"低层冷弯薄壁型钢住宅体系"研究。

24. 天津大学建工系承担的"钢管混凝土剪力墙多层钢结构住宅体系"研究。

25. 广州市建筑集团网架钢结构有限公司"高层钢结构住宅体系"研究。

26. 上海大通钢结构有限公司承担的"底层及小高层用高频焊接 H 型钢建筑体系"。

27. 北新建材集团有限公司承担的"北新薄板钢骨住宅体系"。

28. 北京太空板业股份有限公司承担的"太空板钢（木）结构住宅体系及太空板式结构住宅"。

29. 天津住宅建设发展集团有限公司、澳大利亚 RBS 建筑体系有限公司承担的"RBS 建筑体系研究和应用"。

30. 北京建筑工程学院承担的"小高层钢-混凝土混合结构住宅体系集成技术研究"。

31. 同济大学承担的"MTS 建筑钢结构设计系统"。

32. 北京银河金属结构工程有限责任公司承担的"整体截面为三角形的方钢管空间轻型钢架体系"。

33. 中国钢协钢混凝土组合结构分会承担的"HVB 剪力件的性能研究"。

34. 武汉城市综合开发公司承担的"轻钢结构住宅系统研究"。

35. 沈阳建筑工程学院承担的"钢与高强混凝土组合梁力学性能与应用研究"。

36. 武汉理工大学承担的"夏热冬冷地区多层钢结构节能住宅体系研究"。

上述课题的研究,有些是理论上的,有些有实用价值,但最后落地形成工程项目推广应用的很少,仅仅停留在研究课题层面。之后几年,随着国家经济的发展,建筑领域内的关注点主要在公共建筑方面,钢结构住宅的研究主要由一些钢结构公司在支撑。有代表性的研究主要有以下几种:

1. 天津大学异形柱为主要构件的钢结构住宅研究

天津大学研究了钢管混凝土组合异形柱结构形式相关理论与试验以及组合方钢管混凝土异形柱结构住宅技术的应用。其中包括方钢管混凝土组合异形柱节点构造及计算方法研究、轴压力学性能研究、压弯力学性能研究、柱的拟静力试验研究、框架的拟静力试验研究、钢管混凝土剪力墙的耐火性能试验(ALC 防火板保护)。这些研究在实践中得到了应用,目前已经应用于低多层住宅、高层住

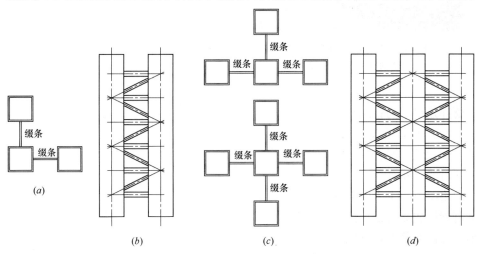

图 1.2.2.1 天津大学的异形柱截面形式
(a) L 形截面;(b) L 形截面立面;(c) 十字形和 T 形截面;(d) 十字形和 T 形截面立面

宅，应用效果良好，且相关成果已编入规程。天津大学异形柱截面形式如图
1.2.2.1所示。

2. 莱钢H型钢为主要构件的住宅研究

莱钢主要生产H型钢，为了消化产品，莱钢在2001年开始承担建设部课题
"H型钢结构住宅建筑体系研究"，并在莱钢实验示范。

经建设部论证批准，由山东莱芜钢城企业集团承建，采用"钢结构生态节能
建筑新技术体系"建设的样板示范工程——钢城区力源住宅小区1号楼2000年
破土动工。该工程采用H型钢作框架，围护结构采用以工业废渣为主要原料的
节能板材，并配套采用建设部推广的生活污水、垃圾处理、地温冷暖空调和分户
计量技术、楼宇智能化以及节水冲便等技术。采用H型钢作框架，整体楼房施
工不用脚手架和支模板，实现了楼房工业化生产，改善了作业环境，减轻了劳动
强度。与传统的砖混结构和钢筋混凝土框架结构相比，可提高施工效率3～4倍，
楼房使用面积可扩大10%。

3. 杭萧钢构以矩形钢管混凝土柱为主要构件的钢结构住宅研究

图1.2.2.2　杭萧钢构万郡大都
城钢结构住宅小区

杭萧钢构对钢结构住宅的研发从
1999年已经开始了。杭萧钢构为钢结
构住宅的研发成立了独立团队，从结
构体系、构件选型、组合楼板体系、
内外墙体体系、钢结构的连接节点以
及防腐防火等方面，进行了全方位系
统的研究，研究成果通过国家住建部
课题验收。

杭萧钢构2002年钢筋桁架楼承板
和CCA板灌浆墙研发成功，并于
2004年投产冷弯成型高频焊接方、矩
形管生产线、高频焊H型钢生产线、
汉德邦建材，为钢结构住宅生产配套的钢构件、楼板和墙板产品。

2005年，杭萧钢构钢结构住宅产品在杭萧钢构生产园区内进行中试实验，
是一幢22层的员工宿舍，全部采用杭萧自有研发技术。2006年，住建部绿色示
范项目武汉世纪家园26万平方米住宅小区，采用杭萧钢构钢结构住宅技术。
2007年，杭萧钢构钢结构住宅走出国门，在安哥拉进行国家公房建设。2010年，
杭萧钢构成立万郡房地产开发公司，在包头开发了100万平方米的全钢结构住宅
小区万郡大都城，如图1.2.2.2所示。

经过实践经验的不断积累，杭萧钢构对楼板和墙板进行优化，于2011年推
出了更新的钢结构住宅。

4. 北新建材钢结构住宅的实践

作为北新建材发展新型房屋业务的重要平台,北新房屋成立于 2002 年,由北新建材与丰田、新日铁、三菱等公司合资设立,公司全套引进日本先进的轻钢结构房屋技术,以现代房屋制造业的标准化、精细化和定制化实现轻钢结构房屋的设计、制造、安装,实现"像造汽车一样造房屋"。

成都青白江区清泉镇花园村项目是由北新集团全资子公司北新集成房屋有限公司与成都市青白江区政府合作开发的统筹城乡住宅项目,占地 140 亩,可容纳 266 户。这是青白江新农村建设的示范项目,同时也是成都市新型轻钢节能建筑。青白江区清泉镇花园村项目体现了北新集成房屋在建造过程、节能环保产品的集成以及抗震性能等方面的突破。

5. 宝钢钢结构住宅的实践

作为钢铁行业的龙头,宝钢集团一直致力于加大钢结构住宅领域的拓展力度。早在 2008 年,在武汉黄金口小区,宝钢和赛博思公司就开始开发建造钢结构住宅示范工程。该工程被国际钢铁协会 Living Steel(住宅钢结构)项目选定作为中国地区可持续性住宅的示范建筑。

由宝钢承建的四川省灾后恢复重建首批安居房重点项目——幸福家园·逸苑钢结构住宅小区,在都江堰市主干道二环路东侧破土动工。作为四川省第一个全钢结构住宅小区,幸福家园·逸苑还被国际钢铁协会指定为钢结构住宅示范小区。小区用地 83 亩,总建筑面积 11.5 万平方米,以中高层为主,可安置 1324 户人家。

2011 年,宝钢成立了宝钢建筑系统集成有限公司,打造钢结构住宅从信息化管理、集成化设计、装配化施工到最后的装修建筑一体化的完整产业链,希望实现"像造汽车一样造房子"的目标,核心业务范围将涵盖政府公用建筑、保障性住宅、商业建筑、商品住宅。

6. 远大可建模块化钢结构住宅研究

2011 年在湖南省湘阴县,远大可建一厂仅仅用了 15 天(360 个小时)就建成了一幢高 30 层总建筑面积达 1.7 万平方米的酒店大楼。而且大楼主体框架建成用时仅 46 个小时,大楼封层耗时仅 90 个小时。这座大楼由远大集团建造,命名"T30"。大楼之所以建成神速,是因为其 93% 的部分不是在工地盖起来,而是在工厂生产,连内装修一起做完后运到现场,随后像拼积木一样拼装起来。

1.2.2.3 十八大之后钢结构住宅的创新与发展

党的十八大提出五位一体的发展战略,生态文明建设是其中一项重要的内容。国务院、发改委、住建部,以及各省市推出多项政策,鼓励绿色建筑、装配式建筑的发展,装配式钢结构住宅的发展得到了重点关注,业内科研院所、生产企业以及各配套厂家都对钢结构住宅给予了重点关注。

2015 年 11 月 4 日，李克强总理主持召开国务院常务工作会议，明确提出结合棚户区改造和抗震安居工程等，开展钢结构建筑试点，扩大绿色建材等的使用。

2016 年 3 月 5 日，李克强总理在第十二届全国人民代表大会第四次会议上做的政府工作报告中提出："积极推广绿色建筑和建材，大力发展钢结构"。

2017 年，《装配式建筑评价标准》GB 51129 正式发布实施，主要从结构体系、围护体系和装修体系三个方面对建筑进行装配式评价，钢结构住宅的发展迎来了一个新的发展阶段。

由于国家装配式建筑评价标准的出台，与钢结构住宅配套的楼板部品、围护部品、装修部品等也成了产业链上各企业关注的热点。《装配式建筑评价标准》GB 51129 中要求全装修交房，各地先后出台了政策文件，从拿地条件中对全装修进行了限制，各种装配式装修问题得到了重点关注。工程建设方，尤其是商业房地产开发商，对建设项目的综合造价一直比较关注，对装配式建筑与传统建筑相比的成本增加比较敏感。

十八大以来，行业内全产业链各企业围绕装配式钢结构住宅，开展了各类研究和产品开发，形成了一些成果并在工程中实践应用。主要从结构体系、围护墙体、装配式装修几个方面取得了创新成果。

结构方面，主要对传统的框架结构中的矩形钢管混凝土柱造成的凸柱问题进行了创新。铁木辛柯设计事务所通过节点创新，引入宽钢管混凝土柱，有效减小构件的宽度，方便隐藏于建筑墙体内，隐式框架住宅体系在国内得到大量应用。采用二维墙元的思路，以传统混凝土剪力墙为目标，采用钢结构实现混凝土剪力墙的效果，减小墙厚。

围护墙体的研究，主要分内墙和外墙两种。内墙使用功能要求只需满足防火、隔声、抗震强度即可；外墙需要满足保温隔热、抗变形、抗裂、防水防渗漏、抗风、抗震、隔声、耐候等要求。

建筑内墙的研究主要在装配式轻质墙板方面，主要产品有单板和复合墙板两类。单板以蒸压加气混凝土板（ALC 条板）为代表，主要产品有蒸压陶粒混凝土墙板、水泥珍珠岩成型板、玻璃纤维增强水泥板等。复合墙板主要产品有陶粒轻质复合条板、钢丝网架水泥夹芯板、金属复合板等。

建筑外墙除了可以用轻质墙板外，也采用工厂预制复合外墙板，主要有发泡水泥复合墙板（太空板）、预制夹芯保温复合墙板、LCC-C 型保温复合墙板、密肋复合墙板等。有些项目采用现场复合墙板的做法，如轻钢龙骨覆面板灌浆墙、轻钢龙骨金邦板墙体等。

从《装配式建筑评价标准》GB 51129 中对装配式装修的要求可以看出，装配式装修主要体现在装配式天花吊顶、装配式墙面、干式工法楼地板、整体厨卫、结构与管线分离等方面。

国内目前颁布了多项标准，比如《装配式整体卫生间应用技术标准》JGJ/T 467—2018、《装配式整体厨房应用技术标准》JGJ/T 477—2018、《建筑工业化内装工程技术规程》T/CECS 558—2018 等，对装配式装修进行了详细的要求。

钢结构住宅中装配式装修是在主体结构完成后开始的，装修材料及工艺与结构形式关系较小。目前装配式装修的墙面材料主要推荐采用纤维增强水泥板、玻镁板、木塑板、石塑板、聚氯乙烯发泡板（PVC 发泡板）、玻璃等；吊顶板应采用自带饰面的板材，现场不应二次涂饰；厨卫推荐采用成品整体厨卫；设备管线应与主体结构分离等。

2019 年 6 月 18 日，住建部发布推荐性行业标准《装配式钢结构住宅建筑技术标准》JGJ/T 469—2019，于 2019 年 10 月 1 日正式实施，我国装配式钢结构住宅建筑的市场应用逐步拉开了帷幕。

1.3 国内钢结构住宅的技术现状

1.3.1 结构部分

在整个建筑的构成中，结构部分作为整个建筑的支撑骨架，主要用来承受各类荷载和作用，保证这个建筑的稳定和安全，不发生破坏以及不满足正常使用的过大变形。

按《高层民用建筑钢结构技术规程》JGJ 99—2015 的分类，高层钢结构住宅的结构体系主要有钢框架结构、钢框架＋支撑结构、钢框架＋延性墙板结构，适用高度详见表 1.3.1.1 所示。近些年，一些企业和科研院所为了提高建筑适用性，避免传统钢管混凝土柱截面过大引起室内凸柱的情况，对住宅中的钢结构构件进行了创新，发展出了新型钢板组合剪力墙类结构以及其他方便装配化的格构式结构等。

高层钢结构住宅适用的最大高度（m） 表 1.3.1.1

结构体系	6 度 7 度(0.10g)	7 度 (0.15g)	8 度		9 度 (0.40g)	非抗震设计
			(0.20g)	(0.30g)		
钢框架	110	90	90	70	50	110
钢框架-中心支撑	220	200	180	150	120	240
钢框架-偏心支撑 钢框架-延性墙板	240	220	200	180	160	260

从结构构件的层面划分，可以把主体结构划分为梁、柱、支撑、钢板剪力墙、钢板组合剪力墙、楼板等。其中水平构件为梁和楼板，竖向构件为柱和钢板组合剪力墙，抗侧力构件为支撑和钢板剪力墙。钢板剪力墙一般不承受竖向荷载，仅作为抗侧力构件。对于钢板组合剪力墙，既作为竖向承重构件，同时也是抗侧力构件。

为了便于对钢结构住宅的结构进行系统清晰地描述，可简单地把结构构件划分为主要承受竖向荷载的构件和主要用于抗侧力的构件。主要承受竖向荷载的构件有梁、柱组成的框架和钢板组合剪力墙，主要用于抗侧力的构件有支撑、钢板剪力墙。

按构件的维度划分，以杆单元为代表的一维构件有梁、柱、支撑等，以壳单元为代表的二维构件有钢板剪力墙、钢板组合剪力墙、楼板等。

下面按构件形式对目前国内钢结构住宅结构部分的技术现状进行论述。

1.3.1.1 钢柱构件

目前国内钢结构住宅的钢柱构件，常用形式包括传统矩形钢管混凝土柱、隐藏式矩形钢管混凝土柱和异形钢管混凝土柱三种形式。

1. 传统矩形钢管混凝土柱

传统矩形钢管混凝土柱应符合《矩形钢管混凝土结构技术规程》CECS 159—2004 的要求，截面的长宽比一般不超过 2。

柱截面宽度不大于 500mm、柱壁厚不大于 16mm 时，可以采用冷弯成型高频焊接方矩形钢管，也可以采用直缝焊接钢管，在高层住宅中应用，钢管应符合《建筑结构用冷弯矩形钢管》JG/T 178—2005 中I级品的规定。柱壁厚较大或柱构件数量较少时，多采用工厂组焊的箱形柱。传统矩形钢管混凝土柱如图 1.3.1.1 所示。

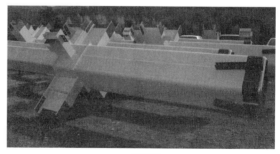

箱形柱　　　　　　　　　　　　　　　　钢管柱

图 1.3.1.1　传统矩形钢管混凝土柱

梁柱连接节点采用贯通横隔板或内隔板的连接方式，如图 1.3.1.2 所示。

由于混凝土灌浆孔最小尺寸限值不小于 150mm，隔板传力对净截面有要求，柱最小截面一般不小于 350mm。考虑防火涂料和装修后的柱尺寸一般在 450mm以上，对室内使用效果有影响。对于传统矩形钢管混凝土柱引起的建筑室内凸梁凸柱问题，在建筑设计阶段，多采用布置调整的方式解决，避免室内凸柱。比如将中柱尽量布置在公共区域或厨房、卫生间、储藏室等位置，将边柱及角柱内侧对齐向外立面凸出的方式来解决问题。

图1.3.1.2 传统矩形钢管混凝土柱的梁柱隔板连接节点

2. 隐式框架中的宽钢管混凝土柱

铁木辛柯隐式框架住宅体系中的宽钢管混凝土柱，通过节点创新，规避了隔板的连接方式，从而将柱截面宽度减小，柱截面长度加大，能够便于柱隐藏到外墙、分户墙、公共区域隔墙等主要建筑墙体内，达到住宅室内的建筑使用效果，如图1.3.1.3所示。

宽钢管混凝土柱，截面长宽比介于2～4之间，通过与住宅建筑布置灵活相结合，实现密柱小梁的结构布置，有效降低单个构件的负荷面积，从而减小构件截面，提高结构的整体性能。

宽钢管混凝土柱，通过标准化设计，采用5～8种标准构件截面，能够涵盖85％以上的构件选用需求，来提高部品的标准化程度，进而通过订购工业化成品钢管的方式，提高生产的效率，保证构件的品质。

宽钢管混凝土柱采用的钢管部品，可以采用冷弯成型高频焊接方矩形钢管，也可以采用直缝焊接钢管，在高层住宅中应用，钢管应符合《建筑结构用冷弯矩形钢管》JG/T 178中Ⅰ级品的规定。

铁木辛柯隐式框架主要采用宽钢管混凝土柱技术，在国内17省市30余项目中应用了300余万平方米，在绿城、龙湖、金茂、万科、复星等多家开发商项目中得以应用。

3. 异形钢管混凝土柱

异形钢管混凝土柱是另外一种通过截面变化解决室内凸柱问题的构件。通过

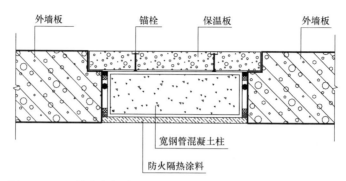

图 1.3.1.3　铁木辛柯隐式框架钢结构住宅体系的宽钢管混凝土柱

多个宽度较小的钢管组合成 L 形、T 形、十字形等截面形式，布置于不同的建筑位置，达到结构与建筑融合的目标。

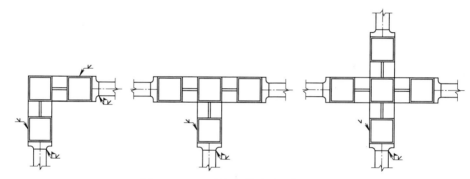

图 1.3.1.4　天津大学异形柱截面构造

天津大学采用钢管与连接板的方式，组合成异形柱体系，并在沧州福康家园项目中应用。天津大学异形柱截面构造如图 1.3.1.4 所示。

1.3.1.2　钢梁构件

钢梁构件一般采用 H 型钢梁。

与钢柱、钢板组合剪力墙连接的框架钢梁，采用上下翼缘等截面 H 型钢梁，钢梁的宽度满足结构受力需求的同时，尽量选择与墙体厚度匹配的尺寸。

不与柱墙连接仅与梁连接的非悬挑次梁，采用两端铰接。次梁采用组合梁，考虑混凝土楼板的组合作用，可以做成上翼缘小下翼缘大的截面形式，也可以做成上下翼缘等宽的截面形式，如图 1.3.1.5 所示。

次梁的宽度根据需要调整。分户墙体较厚时，次梁上荷载也较大，可以采用较宽的截面。在分室墙需要设置次梁时，次梁的宽度尽量减小，避免室内凸梁出现。

次梁尽量少布置，灵活布置的轻质墙体经过计算，如果楼板可以承受轻质墙

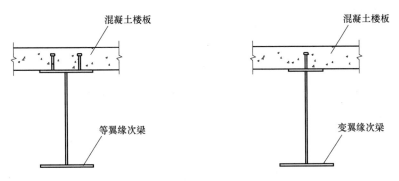

图 1.3.1.5 钢结构组合次梁的构成

体荷载，可以不布置次梁。

1.3.1.3 钢板组合剪力墙构件

1. 规范上的钢板组合剪力墙

《钢板剪力墙技术规程》JGJ/T 380—2015 第 7 章钢板组合剪力墙部分内容，给出了一种由两侧钢板、内层混凝土以及将钢板和混凝土连接在一起协同受力的连接件组成的组合构件。连接件可以是栓钉、T 形加劲肋、缀板、对拉螺栓等。如图 1.3.1.6 所示。

该规范规定钢板厚度不宜小于 10mm，墙厚应大于 25 倍钢板厚度。并要求钢板组合剪力墙的两端应设置由矩形钢管混凝土构件组成的暗柱、端柱或翼墙。

可以看出，栓钉、T 形加劲肋、缀板、对拉螺栓等对两侧钢板的拉结效果有限，地震往复荷载作用下中间混凝土容易形成通缝，两侧钢板对混凝土约束效果

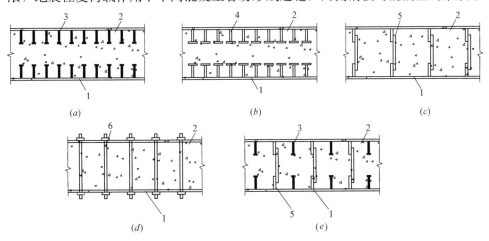

图 1.3.1.6 《钢板剪力墙技术规程》JGJ/T 380—2015 中钢板组合剪力墙构造示意
（a）栓钉连接；（b）T 形加劲肋连接；（c）缀板连接；（d）对拉螺栓连接；（e）混合连接
1—外包混凝土；2—混凝土；3—栓钉；4—T 形加劲肋；5—缀板；6—对拉螺栓

有限，主要用于抗侧力构件有较大的优势，作为既承受竖向荷载又承受侧向荷载的压弯构件，需要控制截面的轴压比。

2. 创新的钢板组合剪力墙

通过不同的构造形式，让两侧钢板之间的拉结更有效，让拉结件与两侧钢板形成对内部混凝土的更有效约束，从而提高钢板组合剪力墙的压弯性能，可以有效减薄墙肢厚度和钢板厚度。图 1.3.1.7 给出了两种不同形式的创新钢板组合剪力墙。

多腔对穿螺栓钢管混凝土抗震墙　　　　　　　　钢管混凝土束剪力墙

图 1.3.1.7　不同形式的创新钢板组合剪力墙

1.3.1.4　抗侧力构件

对于低层和多层钢结构住宅，刚接框架的抗侧刚度基本可以满足需求。对于高层钢结构住宅，需要较大的抗侧刚度来抵抗所承受的风荷载、地震作用等，框架的侧向刚度一般难以满足要求，而且结构效率低、经济性差，需要另外设置抗侧力构件，通常可采用支撑或钢板剪力墙。

1. 抗侧力支撑构件

可以根据建筑户型的布局要求来布置抗侧力支撑，抗侧力支撑有中心支撑和偏心支撑两种。

中心支撑的两端均位于梁柱相交处，支撑的中心线与梁柱的中心线交在一起，支撑轴力可以有效传递到梁柱处，而不会产生附加弯矩。根据层高、柱距、墙体门洞开设等条件，中心支撑的立面布置形式有：十字交叉支撑、单斜杆支撑、人字形支撑或 V 字形支撑、K 字形支撑等。如果选择单斜杆支撑，需要在相应的柱间对称布置支撑。图 1.3.1.8 给出了常用的抗侧力中心支撑的立面布置形式。

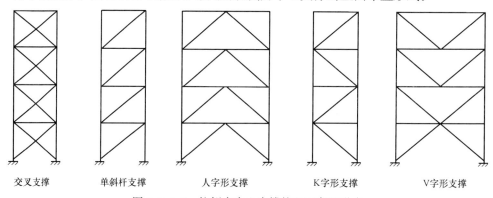

交叉支撑　　　　单斜杆支撑　　　　人字形支撑　　　　K 字形支撑　　　　V 字形支撑

图 1.3.1.8　抗侧力中心支撑的立面布置形式

抗侧力偏心支撑体系中，偏心支撑至少有一端连接在梁上，且支撑中心线不与梁柱中心线的交点相交。另一端连接在梁柱相交处，或在偏离另一支撑的连接点与梁连接。支撑与梁的连接点与梁柱相交点之间，形成一个耗能梁段，能在正常使用条件或多遇地震下保持弹性变形，在强震作用下，通过耗能梁段的塑性变形，产生塑性铰来消耗地震能量，保证支撑不发生屈曲。图 1.3.1.9 给出了常用的抗侧力偏心支撑的立面布置形式。

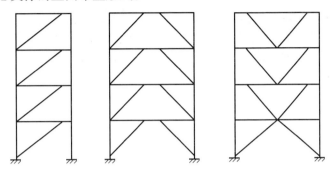

图 1.3.1.9 抗侧力偏心支撑的立面布置形式

抗侧力中心支撑或偏心支撑，在楼层平面的布置，都需要结合建筑使用功能来合理选取位置。一般情况下，在两侧山墙、分户墙处可以布置横向的支撑，因为山墙和分户墙都是整面墙体，很少有门窗洞口。纵向的支撑一般不能布置在外墙处，因为纵向外墙多是阳台、房间大窗户，不能破坏立面建筑效果，可以布置在核心功能区，结合楼电梯间以及公共内墙位置布置纵向支撑。

支撑的截面构成可以采用 H 形或箱形截面，如图 1.3.1.10 所示。采用 H 形截面时，需要考虑两向刚度比例以及计算长度，来最终确定 H 型钢的截面尺寸以及强弱轴设置方向。箱形截面的支撑两向刚度相近，布置比较方便。

图 1.3.1.10 支撑构件的截面组成形式

2. 抗侧力钢板剪力墙构件

钢板剪力墙（steel plate shear walls）是以钢框架为基础内嵌钢板的结构体系，主要用于抵抗风或横向地震力等侧向力产生的层间剪力和倾覆弯矩，可以有效控制结构的水平侧移。钢板剪力墙可视为一个竖向放置底端固支的悬臂薄腹板梁，框架柱相当于梁的翼缘，框架梁相当于板梁的横向水平加劲肋，内嵌钢板相当于梁腹板，但钢板剪力墙周边框架的刚度远大于梁翼缘的刚度。为充分利用周边框架对内嵌钢板的锚固作用，通常将内嵌钢板水平向满跨布置，竖向通高布置。

钢板剪力墙按不同的分类标准，主要有以下几种形式：按内嵌钢板高厚比可分为薄板墙和厚板墙；按墙板上设置加劲肋与否可分为加劲钢板剪力墙和非加劲钢板剪力墙；按墙板是否开缝、开洞可分为开缝钢板剪力墙和开洞钢板剪力墙；按内嵌钢板的材质可分为高屈服点钢板剪力墙和低屈服点钢板剪力墙；按墙板是否加设混凝土板可分为复合钢板剪力墙和防屈曲钢板剪力墙；按与周边框架的连接形式可分为焊接钢板剪力墙和栓接钢板剪力墙；按周边框架的节点连接形式可分为铰接钢板剪力墙和刚接钢板剪力墙。

在钢管混凝土剪力墙和钢梁之间布置钢板剪力墙，剪力墙与钢管混凝土剪力墙和钢梁直接焊接连接。考虑到经济性能，钢板剪力墙采用薄板加劲肋的方式。加劲肋可以采用闭口加劲肋的形式，如图1.3.1.11所示。

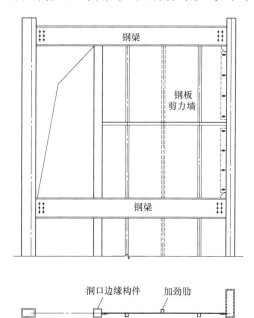

图1.3.1.11 抗侧力钢板剪力墙的构成

钢板剪力墙在竖向应连通布置，需要考虑建筑门窗洞口的影响。

钢板剪力墙的平面布置与抗侧力支撑类似，在楼层平面的布置，都需要结合建筑使用功能来合理选取位置。一般情况下，可以布置在两侧山墙、分户墙处。山墙上有小型窗户时，剪力墙可以开洞，并对洞口加强即可。纵向的钢板剪力墙可以在核心功能区，结合楼电梯间以及公共内墙位置布置。具体情况需要结合工程平面图以及计算调整确定。

1.3.1.5　与钢结构配套的楼板

1. 传统现浇混凝土楼板

在钢结构住宅应用的早期，楼板采用传统的现浇混凝土楼板，现场搭设脚手架、支模板、绑钢筋然后浇筑混凝土。近些年在一些工期不紧的项目中，传统现浇混凝土楼板也得到了一定的应用，如图1.3.1.12所示。现浇混凝土楼板具有施工技术成熟、价格透明、施工技术人员数量多的优势，质量和造价都有保证。现浇混凝土楼板做法不符合装配式建筑的要求，虽然在目前仍有存在的必要和一定的应用需求，但是随着工业化生产的逐步发展，会慢慢淘汰出装配式钢结构住宅的市场。

图1.3.1.12　现浇混凝土楼板在钢结构住宅中的应用

2. 预制混凝土叠合楼板

预制混凝土叠合楼板种类很多，有钢筋桁架楼承板预制混凝土叠合楼板，也有其他类型的多用于PC结构的预制混凝土叠合楼板。

《预制带肋底板混凝土叠合楼板技术规程》JGJ/T 258—2011给出了一种预制带肋底板混凝土叠合楼板。预制带肋底板由实心平板与设有预留孔洞的板肋组成，经预先制作并用于混凝土叠合楼板的底板。预制带肋底板包括预制预应力带肋底板、预制非预应力带肋底板。板肋截面形式可为矩形、T形等。

板肋增加了底板的刚度，在施工中视跨度大小可以不设支撑或少设支撑，板肋处预留的孔洞也便于布置横向穿孔的非预应力钢筋或管线等。同时，板肋也为板面负筋提供了可靠的固定位置。

浇筑叠合层混凝土时，底板的板肋以及预留的孔洞增大了混凝土的结合面积，而填充在板肋预留孔洞处的混凝土又起到了销栓作用，增强了叠合层混凝土与底板的整体性。因此，预制带肋底板叠合板比普通的装配式楼板或底板为平板的叠合楼板具有更好的整体性以及抗震性能，同时底板中配置的高强预应力钢丝提高了底板的抗裂性并节省了钢材用量。

在钢结构建筑中，预制混凝土叠合楼板也可以作为一种楼板体系使用，但是需要注意在钢结构住宅的吊装过程中塔吊台班的配置，以及施工中要避免与钢结构碰撞造成断裂和缺棱掉角。

3. 钢筋桁架楼承板

钢筋桁架楼承板是将楼板中钢筋在工厂加工成钢筋桁架，并将钢筋桁架与底模通过电阻点焊连接成一体的组合楼承板，如图 1.3.1.13 所示。施工阶段，能够承受混凝土自重及施工荷载；使用阶段，钢筋桁架与混凝土协同工作，承受使用荷载。该产品力学模型简单、直观，生产机械化程度高。钢筋桁架楼承板减少现场钢筋绑扎工作量 70% 左右，上下两层钢筋间距及混凝土保护层厚度能得到保证，钢筋排列均匀，为提高楼板施工质量创造了条件。当浇注混凝土形成楼板后，具有现浇板整体刚度大、抗震性能好的优点。钢筋桁架楼承板与压型钢板组合楼板相比，综合经济效益好。

图 1.3.1.13 钢筋桁架楼承板

在钢结构住宅中，钢筋桁架楼承板的底模板需要拆除，并在楼板底面抹灰，达到与现浇混凝土楼板相同的效果。

4. 装配式钢筋桁架楼承板

传统焊接式钢筋桁架楼承板存在模板一次性使用材料利用率低、撕掉底模后楼板下表面成型差需要抹灰的缺点。装配式钢筋桁架楼承板是将楼板中钢筋在工厂加工成钢筋桁架，将镀锌钢板（或木模板、铝合金模板）加工成模板，在现场通过连接件将桁架与模板连接成一体的组合模板。在施工阶段要能承受湿混凝土自重及施工活荷载；在使用阶段，混凝土强度达到设计要求，拆除连接件和模板，形成组合楼板，承受使用荷载。模板和连接件重复利用，降低楼承板综合造价，节约钢材。结合楼板厚度确定合理的桁架高度，通过施工及使用阶段强度和变形计算，选取合适的钢筋直径，做到安全适用，经济合理。

(a)　　　　　　　　　　　　　　　　*(b)*

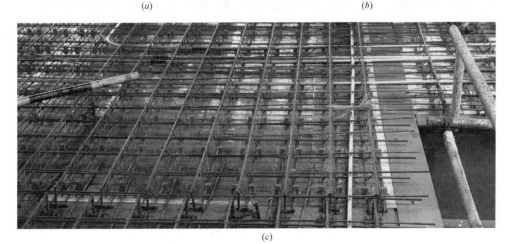

(c)

图 1.3.1.14　各种类型的装配式钢筋桁架楼承板
（*a*）底模板为钢板；（*b*）底模板为铝合金模板；（*c*）底模板为木模板

　　装配式钢筋桁架楼承板是目前钢结构住宅中应用较为成熟可靠的一种装配式楼板产品，图 1.3.1.14 给出了各种类型的装配式钢筋桁架楼承板工程案例。

1.3.2　围护墙体部分

　　钢结构住宅的填充墙体，按位置可以分为内墙和外墙。

　　内墙在建筑内部，起到分割的作用，需要满足隔声、防火、抗震的要求。内墙按具体位置又可分为分室墙、分户墙、楼电梯间隔墙及公共区域隔墙等。分室墙根据位置不同又有普通隔墙和厨卫墙之分。

外墙又叫围护墙，需要满足抗震、抗风、保温隔热、耐候、隔声、防火等功能需求，构造上相对于内墙较为复杂。

1.3.2.1 内墙

内墙中，电梯间隔墙、分户墙、分室墙的墙体厚度需要满足建筑隔声的标准要求。厨房卫生间的隔墙需要满足防水、吊挂需求。楼梯间等墙体需要满足防火要求。内墙材料主要有如下几种：

1. 砌块内墙

砌块内墙有页岩砖、空心水泥砌块、加气混凝土砌块等。

2. 轻质墙板

轻质墙板内墙有蒸压加气混凝土板、玻璃纤维增强水泥板、蒸压陶粒混凝土墙板、轻质 EPS 复合墙板等。

1）蒸压加气混凝土板

蒸压加气混凝土板的主要原料为水泥、石灰、硅砂等，内置钢丝网架，经过高温高压蒸汽养护而形成的多孔混凝土板材，简称 ALC 板（autoclaved lightweight concrete 的英文缩写），如图 1.3.2.1 所示。

图 1.3.2.1 蒸压加气混凝土板

蒸压轻质加气混凝土板的优点主要有：①容重小，强度高；耐火性、耐久性好；隔热、隔音、抗渗、抗冻、抗水性优良；抗震性好；绿色环保；具有优良的可装饰性。②可加工性较好，可以进行锯、刨、钻，易于施工安装；③既可以横向布置也可以竖向布置，配有专用连接螺栓，可以与钢框架灵活连接，外挂式或嵌入式均可。

但是，蒸压轻质加气混凝土板也有其他普通加气混凝土共有的不足之处，例如吸水率大、在运输过程中破损率较高、干缩率大导致开裂、生产工艺较复杂、板缝与连接节点较多、板缝密封胶耐久性等问题制约着它的推广与应用。

2）玻璃纤维增强水泥板（GRC板）

GRC 板以低碱度的硫铝酸盐水泥轻质砂浆作为基材，以耐碱玻璃纤维为增强材料，制成的中间有孔洞的条形板材。GRC 板的重量仅是 120mm 黏土砖墙体重量的 20％左右，切割、钻孔较为方便。GRC 板也有着一些缺点：在钢结构中应用时，墙体抹灰后容易出现裂缝，主要是由于板安装方法和抹灰方法不当造成的。另外，GRC 板的墙体还容易形成返霜现象。

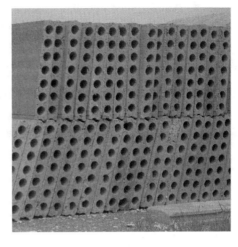

图 1.3.2.2　蒸压陶粒轻质混凝土空心墙板

3）蒸压陶粒混凝土墙板

蒸压陶粒混凝土墙板是以硅酸盐水泥、硅砂粉、粉煤灰、陶粒、砂、外加剂和水等原料配制的轻质混凝土为基料，内置冷拔钢丝网架，经过立模浇筑成型和蒸压养护等工序而制成的轻质条形墙板，如图 1.3.2.2 所示。该类墙板按照断面形式可分为空心板和实心板，厚度主要有 90mm，100mm，120mm 三种规格。

蒸压陶粒轻质混凝土墙板的优点主要有：①通过高温高压养护工艺降低了墙板的后期收缩反应，减少了墙板安装后开裂的问题；②钢筋骨架增强了墙板的抗弯性能、抗裂性能和整体性能等，凿洞开槽对墙体整体强度影响较小，同时具备较高的吊挂能力和抗冲击能力；③整个施工过程都是干法作业，大大减少了施工垃圾和缩短了施工时间。

但陶粒墙板成本相对较高、切割较为困难、损耗量大，且容重较大、搬运不便，限制了它的推广和应用。

4）轻质 EPS 复合墙板

轻质 EPS 复合墙板由两侧面板和中间的 EPS 轻质填充材料组成。两侧面板可以是纤维水泥板，也可以是硅酸钙板。内部的轻质填充材料主要由 EPS 颗粒组成，由粉煤灰、沙子、水泥等材料搅拌灌注而成。

轻质 EPS 复合墙板多用于建筑的内隔墙中，标准产品宽度 610mm，长度 2440mm，厚度模数为 90mm、120mm、150mm 等。

1.3.2.2　外墙

钢结构住宅的外墙可以采用砌体墙，也可以采用和内墙一样的轻质墙板，墙板的厚度要经过节能、抗风等计算。除了砌块和条板，也有一些复合墙板材料、预制大板等。

1. 发泡水泥复合墙板（太空板）

发泡水泥复合墙板是一种新型建筑板材，以冷弯薄壁型钢为基本骨架，内置斜向钢筋桁架（或钢丝网片），在骨架内浇筑发泡水泥，表面抹上水泥砂浆面层制成的轻质节能复合墙板。太空板具有轻质、高强等特点，具有良好的保温、隔热、隔声、抗震等性能。但发泡水泥与轻钢骨架的弹性模量不一致，易造成开裂渗水隐患。

2. 预制夹芯保温复合墙板

预制夹芯保温复合墙板是由两层预制墙板和一层保温板连接而成的一种类似于三明治的新型装配式墙体结构，通过后浇混凝土与叠合楼板和桁架筋组合成共同受力结构体系。最常见的夹芯墙板是预制混凝土夹芯墙体，该墙体是将混凝土墙体做成夹层，矿棉、岩棉、聚苯乙烯泡沫塑料、聚氨酯泡沫塑料等保温材料填入夹层中，形成保温层。由于复合墙板的保温层设在两层混凝土墙面板之间，不需要设置外墙保温或内墙保温，耐久性和防火性优良；生产可实现工厂化和模数化，减少施工现场湿作业量和模板用量，加快施工进度，符合钢结构建筑装配化的要求；墙面质量容易控制，有效避免墙面抹灰裂缝、起鼓等问题。但该种墙板与主体结构的连接一直没有非常完善的节点设计，楼板变形容易对主体结构产生不利影响；内外两侧墙板之间金属连接件易产生冷热桥；板间接缝存在渗水的通病。

3. 莱钢LCC-C型保温复合墙板

莱钢集团自主开发了LCC-A、LCC-B、LCC-C型保温复合墙板，应用于外墙的主要是LCC-C型。其板厚有120～200mm厚五种规格，板芯为50～110mm厚的自熄型聚苯乙烯板，两侧结构面板均为35～45mm的C30陶粒混凝土或C25普通混凝土，面密度达到140～225kg/m^2。LCC-C各种规格外墙板构造如图1.3.2.3所示。其热工性能见表1.3.2.1。

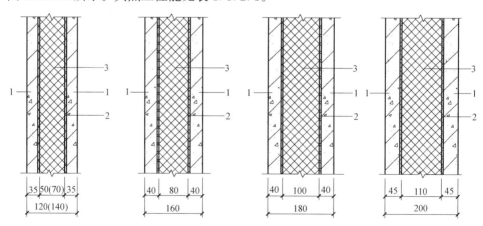

图 1.3.2.3 LCC-C 各种规格外墙板构造

1—轻骨料混凝土或普通混凝土结构面层；2—聚苯乙烯板；3—三维空间钢丝网架

由于 LCC-C 型板内部配有三维空间钢丝网架，其钢丝保护层不能太薄，这使得混凝土层的厚度很难进一步越小，从而造成板材重量较大。同时大板体系构件的尺寸与建筑开间相同，更加剧了其重量大的问题，施工时必须使用重型机械吊装，吊装受力处的局部应力很大，必须有较高的强度，这样板材的吊装强度与使用强度的差距较大，按吊装强度设计板材，在使用中其强度显然是一种浪费，若按使用强度设计板材，吊装板材时则可能会破坏。

普通混凝土与陶粒混凝土的热工性能   表 1.3.2.1

类别	板厚(mm)	保温层厚(mm)	热阻值($m^2 \cdot K/W$)	传热系数 K($W/m^2 \cdot K$)	材料面密度(kg/m^2)
普通混凝土	120	50	1.04	0.962	175
	140	70	1.44	0.694	180
	160	80	1.64	0.610	195
	180	100	2.04	0.490	200
	200	110	2.24	0.446	225
陶粒混凝土	120	50	1.09	0.917	140
	140	70	1.49	0.671	145
	160	80	1.704	0.587	155
	180	100	2.104	0.475	160
	200	110	2.432	0.432	170

注：普通混凝土 $\lambda=1.74$，陶粒混凝土 $\lambda=0.77$，聚苯乙烯泡沫板 $\lambda=0.05$。

LCC-C 型板与结构的连接方案有两种：（1）用钩头螺栓焊接在墙板预埋件上，并与一个焊接在 H 型钢柱翼缘上有椭圆开孔的连接板连接，然后用双螺母进行调整固定。（2）用直径 12～14mm 的 U 形连接件，一面焊在墙板预埋件上，一面焊在 H 型钢翼缘上。这两种方式虽然理论上在垂直于梁的面内和平行于墙板的水平方向有一定的活动余地，但实际应用中却做成了刚接点，其对于墙板的热胀冷缩变形不能很好地适应，结果使连接件被拉坏，容易出现接缝渗水。

4. 现场复合装配式墙板

现场复合型装配式墙板多为轻钢龙骨组合墙体，区别在于面板采用纤维水泥板、金邦板或其他材料的外挂墙板等。

轻钢龙骨组合墙体通常采用轻钢龙骨为墙体支撑骨架，内外挂金邦板或纤维水泥板，中间填充岩棉等保温材料。每一种材料都分别在工厂定型化生产，在施工现场进行组装。现场复合墙板的优点包括：具有良好的保温隔热和防渗漏性能，各项材料的现场安装保证了保温层的连续性，有效避免冷、热桥的产生；用钢量低，构件自重较轻；有利于抗震和运输、安装；全部构件使用螺钉或螺栓连接，加快了施工进度，机械化程度高，施工周期短；干法施工，环保节能。其主要缺点是：造价偏高，应用有一定的限制；现场组装比较复杂，与装配式建筑的发展不相适应。

常用墙体形式与应用范围整理如表 1.3.2.2 所示。

常见墙体形式与应用范围   表 1.3.2.2

墙体名称	应用范围	主要材料
砌块填充墙	内墙，外墙	页岩砖、加气混凝土、水泥空心砖等
蒸压加气混凝土板	内墙，外墙	加气混凝土
玻璃纤维增强水泥板	内墙，外墙	GRC
蒸压陶粒混凝土墙板	内墙，外墙	陶粒混凝土
轻质 EPS 复合墙板	内墙	纤维水泥板，EPS 混凝土
发泡水泥复合墙板	外墙	发泡水泥，轻质钢骨架
预制夹芯保温复合墙板	外墙	预制混凝土板，轻质保温材料
莱钢 LCC-C 型保温复合墙板	外墙	混凝土板，聚苯乙烯板
现场复合装配式墙板	外墙	龙骨，保温材料，石膏板，面板

1.3.3　机电设备与装饰装修部分

住宅建筑中，水电暖等机电设备和装饰装修是重要的环节，是直接面对用户，为用户提供实用功能和舒适环境的部分。经过多年发展，住宅中的机电设备越来越复杂，功能越来越完备，比如新风系统、空调系统、纯净水供水系统、热水循环系统、环境监测、智能安防系统等不断创新。装修部分的材料和工艺也在不断地创新，住宅的品质越来越好。

1. 机电设备的应用现状

建筑机电设备是现代化建筑的重要组成部分，充分发挥了建筑物的使用功能，为人们提供了卫生、舒适的生活和工作环境。随着人们生活水平的提高以及绿色建筑、建筑工业化不断推进发展，精装修高档住宅的比例越来越高，各种机电设备在精装修高档住宅中都得到了充分应用。

机电设备品种繁多，是为满足用户学习、生活、工作的需要而提供整套服务的各种设备和设施的总称，是多种工程技术门类的组合，按照专业可以分为暖通空调系统、给排水系统、强电系统和智能化系统。精装修高档住宅中暖通空调系统包括风系统和水系统，具体部品有家用中央空调设备、新风（除霾）设备和辐射供冷（热）设备等；给排水系统包括室内给水和排水系统，具体部品有空气源热泵热水系统、燃气热水系统、太阳能热水系统、卫浴设备等；强电系统包括电气装置、布线系统、用电设备等，具体部品有灯具、配电箱、开关、线缆等；智能化系统包括安全防范系统、信息设施系统、设备监控系统、智能化集成系统、家庭智慧系统等，具体部品有光纤入户系统、有线电视系统、人脸识别系统、智能门锁系统等。

机电设备在适应建筑工业化包括钢结构住宅的配套要求方面还处于探索阶段。机电部品工业化营造应采用标准化、工厂化、装配化和信息化的工业化生产方式。以定型设计为基础，形成完整的产业链；以工厂制作为条件，生产工厂化；以建造工法为核心，现场施工装配化；以设计为前提，配合装修一体化；以信息技术为手段，过程管理信息化。近年也出现了模块式地暖系统、装配整体卫生间、集成给水系统等建筑机电一体化的设备和系统。

2. 住宅中装饰装修的应用现状

国内住宅长期以来毛坯交付的传统，室内装饰装修工程并未与建筑整体设计统一考虑。交付业主后，往往采用不同的深化设计方案进行后期拆改，且在建造阶段采用的是传统湿作业和手工作业的装修方式，现场环节工序流程复杂冗长、结构破坏严重、材料浪费、工程质量和安全问题都无法保证。

2007年3月，在北京召开的第三届国际智能、绿色建筑与建筑节能大会上，曾透露一组惊人的数据，中国每年住宅装修造成的浪费高达300多亿元。在国外，只有精装修的房子才叫作成品房。

其实，建设部从2001年10月开始先后下达的有关装修的施工设计、管理资质、计价、环保验收的文件共达十个，这对规范全装修住宅起到了推动作用。建设部住宅产业化促进中心2002年7月正式颁布的《商品住宅装修一次到位实施细则》点明了推行全装修的目的，即加强对住宅装修的管理，避免二次装修造成的结构破坏，浪费和扰民等现象，为住宅全装修一次到位和房屋全装修市场的发展指明了方向。

在2006年"国六条"提出"90/70"政策后，建设部官方网站曾于2007年1月公布《90平方米以下住宅设计要点（征求意见稿）》，其中就有"提倡推行菜单式精装修，促进产业化"的相关口号。

随着民用建筑节能条例的实施，建筑节能、绿色住宅不再是一句空口号，将作为一种强制标准在全国推行。节能环保的建筑必定是精装修，绿色住宅必须是绿色精装修。政府之所以如此推动精装修住宅的发展，也是由精装修住宅的优点决定的。

精装修在国外市场已经趋于成熟，在国内精装修正处于发展阶段，部分需要装修的业主还不能接受这种精装修方式，主要是担心装修过程中的材料和价格。尤其是在个性化需求方面，更无法满足购房者，对于设计一套属于自己特有住房的需求，在这种情势下，中国精装修市场凸现出不同的发展模式，家装市场在迎合装修业主个性化需求的同时，推出精装修模式，把基础装修项目，主材、家具、软包、部分家电纳入装修中，在整个装修中，既能满足装修业主个性化需求，又能够让装修业主省时、省心、省力，材料质量也得到了保障。

目前，家装行业各大装饰龙头企业纷纷走上精装修模式，沿海地区有不少装饰公司已经具备了一定的精装修规模，在内地，重庆，成都地区初步发展，2012年，重庆宏伟装饰公司首推精装修，从整体设计，整体施工，整体主材，整体配饰，整体服务，全方位满足精装修业主的需求。

精装修房屋标准化程度高、规模采购、装修成本低，施工过程规范，有利于消除安全隐患，且有利于减少环境污染，精装修住宅市场正逐步形成，近年来精装房在全国主要城市楼市产品中所占比例正以每年 10％的幅度递增。但目前精装住宅还处在初级发展阶段，主要表现在：

（1）精装标准化集成设计能力不强，尚未建立精装标准化体系；

（2）标准化产品与消费者个性化需求存在矛盾，产品弹性空间不足；

（3）精装修标准和品质参差不齐，品质问题亟待解决。

应对目前的住宅精装问题，装配式装修技术正在逐步被探索推广。住宅精装是集设计、建造、装修阶段于一体的产业化过程，初始设计需通过模数化设计统一建筑结构、室内空间、配套部品三大领域的设计语言，实现建筑装配化、内装工业化、部品标准化。装配式装修具有设计流程规范化、工业化的生产流程、装配化的施工流程以及信息化的协同工作等特点。

装配式装修设计需强调与建筑、结构、机电设计的一体化集成设计，确保与结构系统、外围护系统及设备管线系统间的接口条件。采用干式工法、现场组合安装、内装部品集成方式，坚持管线分离原则，保证使用过程中维修、改造、更新、优化的可能性和方便性，确保建筑主体结构的长寿化和可持续发展。

装配式装修近期主要的应用有：1）干法装配地面及地暖模块；2）集成卫生间；3）集成厨房；4）装配化给水系统；5）装配化排水系统；6）装配化吊顶；7）装配式墙面系统。但以上技术目前国内也存在基础产业较弱、技术体系匮乏、管理水平也较低等缺点。

2017 年《装配式建筑评价标准》GB 51129—2017 出台之后，装配式装修逐步走入大众视野。装配式装修是从国外 SI 技术概念发展而来的。

SI 住宅就是结构体和内装修部分，即原来支撑的部分和后来装修部分完全分开的一种施工方法。SI 装修就是所有的东西不埋在结构体里，也不直接接到结构体里，跟结构体完全独立起来。SI 住宅具有社会性，可以循环使用，属于长期型的耐用型社会建筑物。可以根据生活习惯自由自在地变更里面的内装修和填充物，有较高的产业化水平。

建筑结构的寿命在国内设计为 50～70 年。结构体外面的 SI 装修都是做了双层结构，统称双层地板、双层天花、双层隔墙。在外墙里面再做内墙，内墙包括保温材料，然后贴石膏板。在楼板上，用木板架空做一层木楼板，楼板双层里还有很多层。中间是空气层。楼板下面的层高有一个排管设置空间，大概有300mm左右，可设置各类管道。通过这样的装修实现保温和隔音效果。保证建筑物里的每一家住户都有良好的居住环境。

目前国内精装修主要还是传统的方式，SI装配式装修技术还在发展中。另外，国人的传统实心墙观念一时难以改变，对装配式装修的接受度需要一个发展过程。

1.4　国内钢结构住宅的优势和市场需求

1.4.1　钢结构住宅的优势

1.4.1.1　符合国家新发展理念

1. 钢结构住宅符合绿色发展理念

钢结构住宅的建造方式充分体现了绿色发展理念。钢结构住宅在建造过程能节约资源、保护环境，是建筑业摆脱传统粗放建造方式、走向现代建造文明的可持续发展之路。钢结构住宅建造中的节约、清洁、安全和高品质、高效率、高效益，即为绿色化。在面临巨大资源环境压力的条件下，通过使用绿色建材和先进的技术与工艺，建立与绿色发展相适应的建造方式也是实现资源节约、环境保护的技术条件和产业基础。

2. 钢结构住宅具备工业化特征

钢结构住宅产业化程度高，具有标准化设计、工厂化生产、装配化施工、一体化装修和信息化管理的鲜明特征，可以运用现代工业化的组织方式和生产手段，对钢结构住宅建筑生产全过程的各个阶段的各个生产要素的系统集成和整合，所以钢结构住宅这种新型工业化建造方式具有明显的工业化特质。

3. 钢结构住宅建造便于信息化融合

钢结构住宅的建造过程，将设计、生产、运营维护有机结合，解决整个行业发展的"碎片化"与"系统性"的矛盾问题，包括技术与管理的"碎片化"，体制机制的"碎片化"。通过信息互联技术与企业生产技术和管理的深度融合，实现企业管理数字化和精细化，从而提高企业运营管理效率，进而提升社会生产力。

4. 钢结构住宅可实现较高的环保要求与抗震性能

钢结构住宅采用新型建筑材料和工业化生产方式，属节能环保住宅，且替代了传统砌筑、现浇等落后生产方式及建筑材料，保护土地资源，保障国民经济可持续发展。

高防灾减灾能力。钢结构有较好的延性，当结构在地震动力作用下破坏时吸收较多的能量，可降低脆性破坏的危险程度，因此其抗震性能好，尤其在高烈度震区，使用钢结构更为有利。

综上所述，在建筑业新旧动能转换、供给侧结构性改革、提升发展质量的前提下，钢结构住宅符合绿色发展理念、具有工业化特征、便于信息化融合、具有节能环保和优良的抗震性能，符合国家新型建造方式的政策需求，具有明显的优势。

另外，钢结构住宅产业生产诱发系数高，该产业增加一个单位的投资将诱发全部产业国内产值合计与该产业投资之比高，能够带动冶金、建材以及其他相关行业的发展，将成为我国国民经济中的重要支柱产业。

1.4.1.2　对住宅产业发展的优势

1. 钢材的轻质高强，构件结构断面小、自重轻。高层钢筋混凝土建筑物的自重在 $1.5 \sim 2.0 t/m^2$ 左右，高层建筑钢结构住宅自重在 $1.1 \sim 1.2 t/m^2$ 以下，这将显著地降低基础部分造价。

2. 运输、安装工程量减少，提高施工效率。采用钢结构可为施工提供较大的空间和较宽敞的施工作业面。钢结构工程的竖向构件一般取 3～4 层（9～12m左右）为一个施工段，在现场一次吊装。而且竖向构件的吊装、水平钢梁的安装、装配式组合楼盖的施工等，可以实行立体交叉作业。在上部安装钢结构的同时，下部可以进行内部装饰、装修工程。因此，在保证技术、供应、管理等方面的条件下，可以提前投入使用。这将带来施工设备租赁费用和贷款利息的减少，有利于加快资金盘活，提高资金利用率。

3. 提高住宅的有效使用面积。钢结构构件占有面积小，高层钢结构建筑的结构占有面积只是同类钢筋混凝土建筑面积的 28%。采用钢结构可以增加使用面积 4%～8%，增加了建筑物的使用价值，增加经济效益，对于商品房按套内使用面积出售的地区，尤为显著。

4. 通过恰当的设计处理，钢结构住宅可表现出鲜明的现代主义建筑特征，又加之套内使用面积的增加，必将成为新型住宅的亮点。

1.4.1.3　提升住宅产品的品质

1. 有利于功能、空间的灵活布置。钢结构住宅多采用框架体系，改变了传统混凝土结构住宅以墙体承重的结构形式，空间通透，可以根据设计和使用要求灵活分隔空间，实现居住空间在空间和时间上的可变性，体现用户家装个性化，有利于满足多层次受众的需求，符合可持续发展的要求。

2. 由于钢结构住宅是大量采用新型建筑材料的节能环保住宅，因此能够节省使用时的暖气、空调等运行费用，可为用户节约一笔数目不小的开支。

3. 在安置房或商品房按套型建筑面积出售的地区，用户用同样多的购房款，却可获得更多的有效使用面积。

4. 有益于居住者的健康。我国已经进入老龄化社会，关注老年人的健康已经成为一个社会问题。老年人在室内停留的时间较长，因此需要特别考虑日照、通风、采光、换气等问题。而钢结构住宅因为外墙开窗自由，且可采用具有自呼吸功能的新型墙体材料等原因，可为人们创造一种健康安全的居住环境。

此外，钢结构构件一般都在工厂里制造、加工，构件精度高，质量易于保证，且在钢结构的结构空间中，有许多孔洞与空腔，而且钢梁的腹板也允许穿越一定直径的管线，这样使管线的布置较为自由，也增加了建筑净空。

得益于国家经济的迅速崛起，产业政策的调整，特别是政府和人民环保意识的提高，具有结构性能卓越、节能环保等现代住宅特点的钢结构住宅必将迅速发展，引领时代潮流。

1.4.2　国内当前有关钢结构住宅的政策

1999 年 8 月，国务院办公厅转发建设部等部门《关于推进住宅产业现代化提高住宅质量的若干意见》第 72 号文件将"轻型钢结构住宅建筑通用体系的开发和应用"作为我国建筑业用钢的突破点，提出要积极开发和推广使用钢结构住宅。

2000 年 5 月建设部建筑用钢协调组在京召开了"全国建筑用钢技术发展研讨会"，会上成立了钢结构专家组，讨论了国家建筑钢结构产业"十五"计划和 2010 年发展规划纲要及建筑钢结构工程技术政策。专家们提出将建筑钢结构归纳为高层重型钢结构、空间大跨度钢结构、轻型钢结构、钢混组合结构、住宅钢结构 5 大类，"十五"期间应以住宅钢结构为发展重点。

2000 年 8 月，建设部在北京召开全国第一届钢结构住宅技术开发研讨会，提出"打基础促发展，抓配套促应用，抓试点带产业"的工作方针。

2012 年党的十八大提出生态文明建设以来，国办发〔2013〕1 号国务院办公厅关于转发发改委住建部《绿色建筑行动方案的通知》，要求深入贯彻落实科学发展观，切实转变城乡建设模式和建筑业发展方式，提高资源利用效率，实现节能减排约束性目标，积极应对全球气候变化，建设资源节约型、环境友好型社会，提高生态文明水平，改善人民生活质量。

2015 年 11 月 4 日，李克强总理主持召开国务院常务工作会议，明确提出结合棚户区改造和抗震安居工程等，开展钢结构建筑试点，扩大绿色建材等的使用。

2016 年 3 月 5 日，李克强总理在第十二届全国人民代表大会第四次会议上做的政府工作报告中提出："积极推广绿色建筑和建材，大力发展钢结构"。

2016 年 1 月 26 日，2016 中国钢结构发展高峰论坛在北京隆重举行，会议提出了"十三五"国家钢结构行业总体发展路线和目标，力争实现"十三五"期间钢结构用量以超过年增长 15％的速度发展，到 2020 年超过一亿吨。多个地方政府密集出台政策，消化过剩产能，推动钢铁行业与建筑行业的转型升级，强力支持绿色建筑、钢结构住宅以及建筑工业化的发展，在国家层面已经就钢结构建筑体系的推广应用发出了最强音，钢结构的发展迎来了历史机遇。

2016 年 2 月，国务院下发的《关于进一步加强城市规划建设管理工作的若干意见》中强调，力争用 10 年左右的时间，使装配式建筑占新建建筑的比例达 30％。

2016 年 3 月 17 日，国家"十三五"纲要正式发布，提高建筑技术水平、安全标准和工程质量，推广装配式建筑和钢结构建筑，被明确列为发展方向。

2018 年，全国装配式建筑新开工面积达到 2.9 亿平方米，比 2017 年增长了81％。项目数量和面积的快速增长，为装配式建筑的技术、标准、成本和质量品质等快速提升提供了很好的基础。

2019 年 3 月 27 日，住建部公布《住房和城乡建设部建筑市场监管司 2019年工作要点》推进建筑业重点领域改革，促进建筑产业转型升级，开展钢结构装配式住宅建设试点。选择部分地区开展试点，明确试点工作目标、任务和保障措施，稳步推进试点工作。推动试点项目落地，在试点地区保障性住房、装配式住宅建设和农村危房改造、易地扶贫搬迁中，明确一定比例的工程项目采用钢结构装配式建造方式，跟踪试点项目推进情况，完善相关配套政策，推动建立成熟的钢结构装配式住宅建设体系。

2019 年 7 月 12 日，住建部办公厅发布《住房和城乡建设部办公厅关于同意山东省开展钢结构装配式住宅建设试点的批复》；2019 年 7 月 12 日，住建部办公厅发布《住房和城乡建设部办公厅关于同意湖南省开展钢结构装配式住宅建设试点的批复》；2019 年 7 月 18 日，住建部办公厅发布《住房和城乡建设部办公厅关于同意四川省开展钢结构装配式住宅建设试点的批复》；2019 年 7 月 18 日，住建部办公厅发布《住房和城乡建设部办公厅关于同意河南省开展钢结构装配式住宅建设试点的批复》；2019 年 7 月 19 日，住建部办公厅发布《住房和城乡建设部办公厅关于同意浙江省开展钢结构装配式住宅建设试点的批复》；2019 年 7 月 19 日，住建部办公厅发布《住房和城乡建设部办公厅关于同意江西省开展钢结构装配式住宅建设试点的批复》；2019 年 9 月 9 日，住建部办公厅发布《住房和城乡建设部办公厅关于同意青海省开展钢结构装配式住宅建设试点的批复》。

在批复文件中，住建部同意各省以加快推进钢结构装配式住宅建设为着力点开展试点工作，促进建筑产业转型升级。要求开展钢结构装配式住宅建设试点工作，要以习近平新时代中国特色社会主义思想为指导，深入贯彻党的十九大和十九届二中、三中全会精神，坚持稳中求进工作总基调，坚持新发展理念，坚持推动高质量发展，统筹推进"五位一体"总体布局，协调推进"四个全面"战略布局，紧紧围绕贯彻落实《国务院办公厅关于促进建筑业持续健康发展的意见》（国办发〔2017〕19 号）和全国住房和城乡建设工作会议精神，以解决钢结构装配式住宅建设推广过程中的实际问题为首要任务，确保试点工作各项任务目标如期实现，尽快探索出一套可复制可推广的钢结构装配式住宅建设推进模式。要求各省厅要切实加强组织领导，完善工作机制，落实工作责任，按照试点方案明确试点目标和重点任务，抓紧推进试点工作，并及时总结推广成熟经验做法。试点过程中有何情况和问题，请及时与住建部建筑市场监管司联系。

由此可见，从国家生态文明战略层面总体布局，各部委省市开始提出实施细则，大力发展装配式钢结构住宅，从国家政策层面给出了具体的要求。

1.4.3　国内钢结构住宅的市场需求

在国家的政策支持下，各省市出台政策文件积极响应，从项目用地审批开始，在文件中落实钢结构比例、装配率指标、全装修等要求，推动钢结构住宅的试点与技术发展。装配式钢结构住宅面临巨大的市场需求空间。

仅从 2019 年七省市向住建部申报的推进钢结构装配式住宅建设试点方案，可以看出各省市未来三年的试点与示范目标的需求空间，摘取如下：

山东省试点建设目标：到 2020 年，初步建立符合山东省实际的钢结构装配式住宅技术标准体系、质量安全监管体系，形成完善的钢结构装配式住宅产业链条。到 2021 年，全省新建钢结构装配式住宅 300 万平方米以上，其中重点推广地区新建钢结构装配式住宅 200 万平方米以上，基本形成鲁西南、鲁中和胶东地区钢结构建筑产业集群。

湖南省试点目标：力争用 3 年时间（2019～2021 年），通过试点初步建立切合湖南省实际的钢结构装配式住宅成熟的技术标准体系，培育 5 家以上大型钢结构装配式住宅工程总承包企业。完成 10 个以上钢结构装配式住宅试点示范项目，通过项目实践，重点解决困扰钢结构装配式住宅的"三板"配套、产品功能、系统集成、成本过高和质量品质不优等突出问题，为规模化推广应用树立标杆，积累经验。形成湖南省绿色钢结构装配式建筑产业集群。

四川省试点目标：在成都、绵阳、广安、宜宾、甘孜、凉山 6 个市（州）开展钢结构装配式住宅建设试点，推动形成钢结构装配式住宅发展模式。到 2022 年，全省培育 6～8 家年产能 8～10 万吨钢结构的骨干企业，培育 2～3 个钢结构产业重点实验室或工程技术研究中心。培育 10 家以上钢结构装配式住宅建设的新型墙材和装配式装修材料企业。新开工钢结构装配式住宅 500 万平方米以上。

河南省试点目标：引导河南省农村危房改造、农房抗震改造试点、易地扶贫搬迁安置、美丽乡村建设、农村住房建设试点等工程率先推广钢结构装配式住宅，引导特色地区及景区推广钢结构或混合结构住宅。到 2022 年，培育 5 家以上省级钢结构装配式建筑产业基地和 2～3 家钢结构总承包资质企业，建成 10 项城镇钢结构装配式住宅示范工程，积极开展装配式农房试点，探索建设轻钢结构农房示范村 1～2 个，通过科研攻关和项目实践，重点解决困扰钢结构装配式住宅的"三板"配套、产品功能、系统集成和质量品质不优等突出问题，为规模化推广应用积累经验；加快人才队伍建设，推广装配化装修，逐步形成较为完善的钢结构装配式住宅技术体系。

浙江省试点目标：发挥浙江省钢结构产业集聚优势，通过开展钢结构装配式住宅试点，解决制约钢结构装配式住宅发展的实际问题，建立健全符合具有浙江特色的钢结构装配式住宅标准、规范体系，提升钢结构装配式住宅的实施比例，力争把浙江省打造成为国内领先的钢结构装配式住宅产业基地、企业集群和研发高地。到 2020 年，全省累计建成钢结构装配式住宅 500 万平方米以上，占新住宅面积的比例力争达到 12％以上，打造 10 个以上钢结构装配式住宅示范工程，其中试点地区累计建成钢结构装配式住宅 300 万平方米以上。到 2022 年，全省累计建成钢结构装配式住宅 800 万平方米以上，其中农村钢结构装配式住宅 50 万平方米。

江西省试点目标：综合考虑经济发展、产业基础、抗震设防、试点意愿等因素，确定南昌市、九江市、赣州市、抚州市、宜春市、新余市为第一批试点城市。到 2020 年底，全省培育 10 家以上年产值超 10 亿元钢结构骨干企业，开工建设 20 个以上钢结构装配式住宅示范工程，建设轻钢结构农房示范村不少于 5个，试点工作取得阶段性成效。到 2021 年，通过试点解决困扰钢结构装配式住宅建设突出问题，逐步形成钢结构装配式住宅建设的成熟体系，推动钢结构生产、设计、施工、安装全产业链发展。到 2022 年，全省新开工钢结构装配式住宅占新建住宅比例达到 10％以上。

青海省试点目标：通过 3 年的试点初步建立适合青海省实际的钢结构装配式技术标准体系、质量安全监管体系，重点开发适合高原的主体结构、外墙、内墙及装配式装修等产品体系，形成系统性强、相互配套的标准化产品体系，特别是高原农牧区低层轻钢结构住宅体系。到 2022 年，建成 3 个城镇钢结构装配式示范工程和 1～2 个轻钢结构农房示范村，为规模化推广应用树立标杆，积累经验。

由此可见，钢结构住宅迎来了空前的发展机遇，市场对钢结构住宅有迫切的应用需求。

1.5　本指南的编制目的

在国家生态文明建设的战略目标指引下，国家在建筑方面重点关注绿色建筑和装配式建筑，倡导通过工业化建造方式，提高产品品质和寿命，提高生产效率，降低生产的能耗和成本。住宅作为建筑领域量大面广的建筑形式，采用钢结构建造是目前装配式建筑研究的主要目标。通过新的建造方式变革，期望钢结构住宅的品质能达到百年住宅的目标需求。

钢结构住宅在国内处于起步阶段，介绍钢结构住宅的书籍和资料比较少。为了对现有技术进行总结，对当前工程项目的应用有所参考，对未来的发展方向进行探讨，我们编制了这本高层钢结构住宅工程建造指南。

1. 技术总结

通过指南的编写，全面总结钢结构住宅的发展经验。一是钢结构住宅建造过程中各参与主体的组织管理经验；二是钢结构住宅实施过程中的设计技术、制作技术、施工技术的先进经验；三是钢结构住宅配套的工业化部品的发展经验和应用技术现状等。

2. 为当前工程应用提供指导

通过指南的编写，将已有实施经验结合当前的市场需求，为即将建设的钢结构住宅项目提供平实的资料分享。行业内多数建设单位、设计单位及施工总承包单位对钢结构住宅还不了解、不熟悉，通过本指南，以期对钢结构住宅的发展有些贡献。

3. 对未来的发展提出建议

钢结构住宅在我国的发展方兴未艾，各种技术有进一步发展的空间，通过本指南的编写，对目前存在的问题进行梳理，对下一步的研究内容、研究方向提出需求，对未来钢结构住宅的发展方向提出建议。

第2章
钢结构住宅建造中的问题及对策

2.1 钢结构住宅建造中的管理问题

钢结构住宅在我国尚处于初级发展阶段，与传统现浇混凝土建筑相比，钢结构住宅项目在设计、采购、施工等方面的协同更加重要，工程项目实施过程中对成本、进度、质量的管理提出了更高的要求。

2.1.1 建设单位的管理问题及对策

建设单位是钢结构住宅项目的主导单位，从前期土地出让环节，到设计、招标、项目实施各环节，应充分学习理解国家政策和行业技术发展，与政府主管部门、设计研究单位、施工单位及各专业厂家一起配合，做好过程项目管理。

问题1： 住建部在大力推动装配式钢结构住宅的试点应用，各省市也出台了相应的实施细则，在土地出让环节就已经明确了装配率的要求。在此背景下，建设单位如何结合当地政策来有效选择钢结构住宅的实施方案？

实施建议：

建设单位可以根据项目需满足的装配率指标、绿建指标、项目档次定位、项目的成本预算、项目工期进度等要求，综合对比后合理选择钢结构住宅实施方案。应避免特殊的审批与核查流程，节省项目的实施时间。

钢结构住宅比较适用于高品质的商品住宅，其中外墙宜采用幕墙体系、内部宜采用精装修，可以有效提升产品的品质。

问题2： 在项目确定要采用钢结构住宅后，建设单位如何选择合适的设计研究单位来配合钢结构住宅项目的有效实施？

实施建议：

建设单位选择合适的设计研究单位配合钢结构住宅项目的实施，应注意如下几点：

1. 设计研究单位应具有钢结构住宅研究应用的成功经验。钢结构住宅技术难点较多，是一套系统工程，应用经验很重要。近些年有些设计单位、建设单位对此不够重视，认为钢结构住宅设计比较简单，结果在建设过程中不断重复前人的错误和教训，在项目具体实施过程中遇到了各种问题，当引以为戒。

2. 设计研究单位提供的技术方案应满足建设单位的各项需求。通过对项目的了解，设计研究单位提供的技术方案应满足建设单位住宅建筑的功能和使用需求、建造工期的需求、装配率需求以及综合成本控制需求。

3. 结构方案、建筑节点构造如果采用超出规范的新技术，应有可靠的理论和实验研究成果支持，并经过多项工程项目应用验证。

4. 设计研究单位不只是提供技术方案和设计图纸，在前期建设单位报批论证、设计审图、招标技术交底、项目施工建造等环节，应能提供全过程的技术支持和服务。

问题 3：建设单位如何选择工程项目的承包方式？

实施建议：

从目前各钢结构住宅项目的实施结果看，建设单位在承包方式选择上确实存在一些问题，多为总价合同的承包方式。但是，钢结构住宅受钢材市场价格变动影响大，常有建设单位和施工单位为节省造价，选择低劣水平的加工单位，加工精度不高，除锈、油漆等工序拙劣，现场安装精度也不高，时有引发合同纠纷，乃至解除施工合同的案例。

钢结构住宅项目，建议建设单位采用总包的方式。钢结构住宅对于设计、制作和施工的一体化要求高，采用总包方式可以有效地建立先进的技术体系和提高全过程管理质量，解决设计、采购、施工中的技术与管理脱节问题，优化全过程成本，实现资源优化、整体效益最大化。

现阶段，建议引入全过程咨询单位、第三方独立飞行检查等，通过完善的制度和权限控制，达到提高效率、保证质量的目的。

问题 4：建设单位如何选择合适的施工总承包单位？

实施建议：

1. 建设单位希望在规定时间内，最终呈现是可供使用的建筑体，而且不是仅仅一个钢结构的主体。总承包施工单位除应具备常规的土建施工能力之外，还应具有钢结构施工能力，或者能对钢结构的分包有较强的管控力。结构主体与机电管线、立面装饰等的关系是密切相关的，如果总承包施工单位无钢结构施工能力或对分包缺乏较强的管控力，总包与分包之间的扯皮就会相当多，建设单位不得不在协调工作上投入大量精力，整个时间进度及工程质量将会得不到保证。

2. 有钢结构施工能力的总承包施工单位还应有能力较强的技术负责人和稳定的钢结构施工技术工人。钢结构住宅的施工技术含量高，目前有一些项目的施工人员没有从事过钢结构专业的施工，不利于项目的顺利进行，甚至连刚接与铰接都搞错，诸如此类错误若不及时整改，将危害整体结构安全。

问题5：钢结构住宅的户型选择应注意什么？

实施建议：

从建筑平面入手，按照少规格多组合的原则，减少户型种类，提高标准化率，建筑横墙尽量对齐，便于体现钢结构大跨度优势，减少室内柱网。结构构件尽可能采用标准型钢构件，便于钢构采购加工。

问题6：钢结构住宅的工期与现浇混凝土住宅的对比情况？

实施建议：

一般来说，钢结构住宅的工期比现浇混凝土住宅快 1/3～1/2。钢结构住宅主体结构可实现三层一个施工节拍，快速展开流水标准层施工周期约 3～5 天一层。

问题7：钢结构住宅与现浇混凝土住宅及 PC 装配式住宅比较有哪些优势？

实施建议：

钢结构住宅与现浇混凝土及 PC 装配式住宅比较，有如下特点：

1. 抗震性能好，钢结构的构件大多是强度和延性较强的型材，结构整体延性好，抗震性能卓越；

2. 建筑内部空间布局灵活：钢结构容易实现较大跨度，相同面积的建筑楼层，钢结构的空间上更灵活丰富，户内空间更容易实现自由分隔。同时，钢梁天然具备开设设备洞口优势，可提高建筑室内净高，提升居住舒适性；

3. 装配率高：以浙江省为例，现行装配式建造最低标准要求装配率达到50%，装配式混凝土结构达到此要求非常困难，除了楼板，大量的竖向构件也必须采用装配式，这将大大增加土建成本、工期和施工难度，而采用钢结构住宅装配率可轻易达 60%以上；

4. 施工速度快：一般来说，钢结构住宅的工期比传统现浇快 1/3～1/2。钢结构住宅主体结构可实现三层一个施工节拍，快速展开流水标准层施工周期约3～5 天一层；

5. 节省土建基础造价：钢结构主体重量较传统混凝土和 PC 装配式混凝土结构轻 20%～30%，可大幅降低土建基础造价；

6. 环保：钢结构住宅施工以吊装为主，可大量减少工程现场湿作业范围，工地整洁，减少环境污染。

2.1.2 设计研究单位的管理问题及对策

设计研究单位是钢结构住宅项目的技术主导单位，对新技术新材料的研究、实验、应用参与度高，对新技术的特点、应用范围与重难点有把握。设计研究单位应与建设单位、部品供应商、施工单位、质量检测单位密切配合，做好项目生产全过程的技术服务。钢结构住宅的设计，应以建筑专业为主导，结构、装修、机电设备等全专业协同设计，坚持一体化设计的理念。

问题8：项目前期，设计研究单位如何给建设单位提供合理的产品选用建议？

实施建议：

设计研究单位首先应深入了解建设单位的需求，根据项目的投资预设、成本控制指标、装配率指标、工期要求、项目所在地条件等，为建设单位推荐合理的钢结构住宅产品。可以从结构体系选择、配套的楼承板选择、围护墙板选择、外墙保温做法选择、装修选择等方面给建设单位提供翔实中肯的建议，并解答建设单位关切的问题，让建设单位对钢结构住宅的现状、目前存在的问题和未来发展有清晰的了解，帮助建设单位做决策。

问题9：前期方案阶段，建筑专业如何统领钢结构住宅项目的全局？

实施建议：

钢结构住宅是新型工业化建造方式的最新载体，涉及钢构件、装配式的楼板墙板部品、新型的机电设备、装配化的装饰装修、智能化产品等，涉及产品的标准化、BIM信息模型、产品供应链、现场施工的配合等。

建筑专业在前期方案阶段，需要根据建设单位的项目需求，结合设计单位各专业的技术现状，综合确定采用的标准化户型、结构体系、配套的产品和设备等，为后期各专业的介入做准备，以期能达到各专业协同、一体化设计的目标。

问题10：设计阶段，各专业设计人员如何相互配合？

实施建议：

在钢结构住宅的设计阶段，应做好建筑设计与结构设计一体化，钢结构设计和维护系统设计一体化，钢结构设计和内装设计一体化，钢结构设计和机电设计一体化，钢结构设计与深化制作工艺设计一体化等的协同设计工作。

建筑专业需要根据住宅建筑的要求，选用合适的结构体系和配套墙体材料、外墙保温做法、防水构造等；结构专业需要根据建筑尺寸要求选择标准化结构体系，满足建筑构造尺寸要求和结构的经济安全性能；设备专业根据建筑设计要求，配合水电暖通的设计，当设备需要从钢结构中穿过时，需要与结构工程师一起沟通，满足管线的最优布置，同时不影响结构的受力安全需求；装饰装修专业需要结合设备专业和结构专业的需求，在满足钢结构的防火、隔声、防渗漏、防墙体开裂的要求下，进行装修方案设计。

问题11：评审阶段，设计研究单位如何配合建设单位通过项目论证？

实施建议：

由于钢结构住宅处于起步阶段，很多新技术应用并没有纳入规范中，无论是结构方案、新型墙体材料、防水防开裂做法、新型防火装饰材料等，新技术创新层出不穷。新技术应用需要通过评审的方式进行工程应用。

在项目评审阶段，设计研究单位需要配合建设单位与主管部门和专家沟通。需要注意以下几点：

1. 协助建设单位选择成熟可靠的技术。技术研究单位需要对技术有判断，不能在工程项目中采用有缺陷的不成熟技术。

2. 配合建设单位准备论证资料。梳理现有规范和工程做法，把新技术梳理清楚，并准备成完善的资料。

3. 配合建设单位与专家沟通。项目到评审阶段，一般在前期论证时已经评估过，论证前最好与评审专家预先沟通，回答专家的疑问，补充更完善的资料。

4. 配合建设单位完成项目评审。在评审会上，设计研究单位负责新技术应用的讲解和答辩，配合建设单位完成项目论证。

问题 12：项目招标阶段，设计研究单位如何为建设单位提供技术服务？

实施建议：

项目招标阶段，设计研究单位需要根据项目特点，对建设单位的项目招标提供建议。

1. 根据新技术特点，需要对总包方、分包方、专业产品的供货施工方提出资质和工程经验的要求，便于建设单位遴选。

2. 需要对项目的技术重点和难点进行特别提醒，以便建设单位在招标文件中有所体现，在招标中，施工单位对项目的技术有预案，在技术人员配备、施工技术措施、施工报价等方面有较为准确的把握。

3. 根据以往经验，对新技术应用涉及的不同专业的工作界面划分给予建议，方便建设单位以及施工单位在招标过程中合理有效地划分招标标段和界面。

问题 13：项目施工阶段，设计研究单位如何为建设单位、施工单位提供技术服务？

实施建议：

项目施工阶段，为了新技术在钢结构住宅项目中的顺利应用，经过各家协商，设计研究单位可以对建设单位和施工单位应提供如下技术服务：

1. 详细的技术交底。项目中设计的新技术新工艺，设计研究单位应对建设单位、施工单位、监理单位和质量检测单位做详细的技术交底，包括技术研究、实验情况、以往项目应用经验和问题，在本项目中的做法和注意事项等，确保项目实施中各单位对新技术应用的关键点清楚了解，实施到位。

2. 新材料的采购要求。对项目中应用到的新型材料，设计研究单位应对材料的各项性能指标提出详细的要求，对采购时参照的标准、验收方法等给出明确的指引，方便施工单位采购的材料符合设计要求。

3. 新工艺工法样板。项目中应用的新工艺，可以通过工法样板的方法应用。

设计研究单位配合施工单位制作新工艺新技术工法样板，由各方确认技术可行、质量可靠、工艺工法可操作性强之后，由施工方对工人进行技术培训，按工法样板在项目中批量施工。

4. 过程中的技术答疑。项目施工过程中，会遇到各类意想不到的问题，设计研究单位对于新技术应用经验丰富，为施工参与各方提供技术答疑服务，保证项目的顺利实施。

问题 14：有些地区需要在项目实施前组织装配式方案评审，如何编制装配式方案及组织评审？

实施建议：

目前装配式方案编制有两种模式，一种是设计单位自行编制，另一种是由开发商委托第三方编制。各地对装配式方案的审查方式不尽相同，没有统一的标准，通常包括：装配式建筑设计专篇、装配式建筑评分表及评分计算书、装配式建筑项目实施方案等。

1. 装配式建筑评审时间节点、评审流程以及所需材料等应根据项目所在地住建管理部门（如住建局）的相关规定进行，根据拟采用的评审标准不同（国标、省标或者市标），各地评审流程可能略有差别。有些地方政府有明确的评审流程，比如深圳、海南等，即可根据当地流程组织评审。

2. 以深圳为例，深圳市有自己出台的深圳市装配式建筑评价标准以及明确的装配式建筑评审流程。所需资料主要包括初步设计图纸、采用市标进行评分的装配式建筑评分表及评分计算书、装配式建筑项目实施方案等，由建设单位和设计单位等在相应资料上盖章，由建设单位组织专家评审会，专家在会上对资料进行审核并出具评审意见，确定评审是否通过。

问题 15：如何实现各专业的协同设计？

实施建议：

钢结构住宅在防火、防水、保温、防腐、隔声、施工方式、墙体材料等多方面与常规的混凝土结构或砌体结构相比，都有很大差异。同时，大多数建筑师对钢结构住宅都比较陌生，所以对于钢结构住宅设计建造，必须严格遵循专业间协同配合要求，设计阶段推荐采用二维或三维协同设计，其中二维协同示意和流程如图 2.1.2.1 和图 2.1.2.2。

有一些细节问题需要特别注意：结构图纸中通常用粗线表示楼面钢梁，无法反应钢梁翼缘的实际宽度，容易误导建筑师对梁宽的判断，在楼梯间、电梯井、管井等部位容易出现钢梁翼缘凸出情况，影响建筑功能；结构钢柱或钢支撑外侧需要做厚型防火涂层，考虑到防火涂层的强度不高，还要另外考虑面层处理，如果建筑师缺乏经验，用混凝土柱墙的处理方式来处理钢柱钢支撑，可能会出现柱墙完成面凸进管井或电梯井等问题；另外混凝土结构中，通常会采用梁柱偏心的

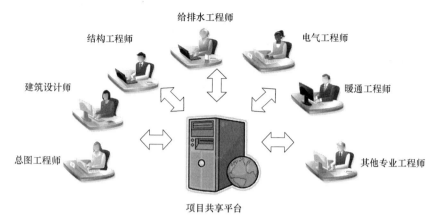

图 2.1.2.1 协同设计示意图

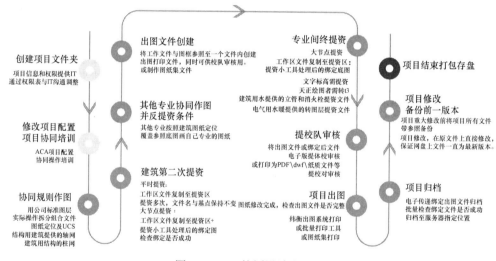

图 2.1.2.2 协同设计流程图

布置方式确保梁的某一侧与填充墙平齐，但是钢结构住宅中一般会采取梁柱中心对齐的方式，结构布置时需要及时和建筑师沟通。

问题 16：如何与机电专业协同配合？

实施建议：

由于钢构件需要提前在工厂加工，所以后期开孔或改造非常困难。如果前期设计阶段考虑不周，后期容易造成综合管线布置困难，后期很难整改或调整。所以对于钢结构住宅，不仅在设计过程中需要实时协同，在施工图完成后，必须进行管线综合，或 BIM 建模进行碰撞检验，必须在钢结构深化加工之前，确定结构梁、墙开洞位置和大小。

问题 17：如何与幕墙专业协同配合？

实施建议：

钢结构住宅外围护结构应优先采用金属幕墙、石材幕墙、铝塑幕墙、玻璃幕墙等装配式外挂墙板体系。幕墙埋件应优先设置在结构楼板内，尽量避免焊接在主体结构钢梁、钢柱或钢板墙上。如必须在主体钢结构上设置幕墙连接件时，必须由主体结构设计单位进行复核，并在主体钢结构深化加工时将幕墙连接件同时深化加工。应避免后期直接在主体钢结构上焊接幕墙连接件或埋件。

问题 18：如何与精装修专业协同配合？

实施建议：

对于住宅项目，精装修一般是介入最晚，定案也最晚的专业。精装修的不确定性，给结构设计带来巨大的挑战。常规的混凝土结构，在现场混凝土浇筑之前，均有调整的空间。即使已经完成施工的项目，局部开孔也可以操作，但是钢结构住宅在钢构件完成加工之后，可调整的余地就非常小了。所以在设计钢结构住宅时，需要让业主和精装修设计单位认识到，必须将精装修设计环节适当前置，以免造成工期延误或材料损失。

2.1.3　施工总包单位的管理问题及对策

与现浇混凝土建筑施工相比，施工总包单位在实施过程中应重点加强施工组织设计、图纸深化设计、材料采购、钢结构制作、施工安装、竣工验收等工作，项目实施中做好与建设单位、设计研究单位及各专业生产单位的组织协调工作。

问题 19：图纸会审关注点有哪些？

实施建议：

图纸会审关注点有：墙体类型选择、建筑构造节点、防水节点等关键性能节点；土建、机电、装修、幕墙等专业在钢构件上的预留洞口、预留连接件等；构件标准化和可加工性；碰撞检查；标注错误、缺失等。

问题 20：如何做好图纸深化设计工作？

实施建议：

钢结构住宅项目的深化设计工作宜前置，最好在项目施工招标前完成。

施工单位编制钢结构深化设计方案，明确深化设计依据，以原施工设计图纸和技术要求为依据，结合工厂制作条件、运输条件、考虑现场组装、安装方案等进行编制。

图纸深化及加工详图经详图设计单位设计人、复核人及审核人签字盖章，报原设计单位审核签字盖章后实施，原设计单位仅对深化设计未改变原设计意图和设计原则进行确认，深化设计单位对构件尺寸和现场安装定位等设计结果负责。

问题 21：深化图纸完成周期怎样安排？

实施建议：

钢结构与混凝土结构不同，必须预留钢结构深化和加工的周期。通常钢结构深化和加工可以分批进行，以满足现场施工进度，首批钢构件深化加工可利用桩基施工和基坑开挖时间。

深化图纸完成周期可以由现场安装周期反推加工周期、采购周期、深化完成周期，分阶段完成深化设计图纸。

问题 22：钢管混凝土柱内混凝土浇筑施工界面如何划分？

实施建议：

建议由土建施工班组的专业泥工进行施工，以保证内灌质量，但土建班组缺少高空操作经验，需钢结构施工班组完成相应操作平台搭设或楼承板铺装。

问题 23：钢结构住宅项目的垂直运输如何组织？

实施建议：

一般来说，现场垂直运输设备是影响进度的控制因素。在主体施工阶段，应明确塔吊的使用原则上由总承包统一安排，以钢结构安装为主，其他施工作业穿插使用，保证钢结构安装工效。

问题 24：如何有效组织施工工序？

实施建议：

钢结构住宅施工过程中存在专业协同，工序穿插、预留预埋、流水作业等方面协调工作量大的情况，在成本层面，有总包与配合界面划分导致的总包二次计费项的产生；在质量层面，存在下游工序对上游工序效果的破坏，如拉墙筋焊接、精装修对钢构件防火层的破坏等情况。

在钢结构住宅建设过程中，应加强项目实施前整体策划。面对较为复杂或者体量较大的项目，采用建筑信息模型模拟建造，以施工阶段三维模型为基础开展图纸深化工作，在图纸深化的基础上编制较为详细的施工预算，而后以之为依据编制项目策划书及施工组织设计。

施工单位制定工序交接制度，预防为主，动态控制，做好技术质量交底工作，使作业人员明确工作内容、标准要求及工艺要求、检查验收依据等，做好工序交接工作。

问题 25：如何实现对分包方质量、安全、进度与成本的管理？

实施建议：

当前，分包现行承包方式多为总价合同或固定单价合同，当应用新材料、新技术时，总承包单位及分包单位都不熟悉其隐形成本，常以传统做法预算作为参考依据，采用持平或略微上浮的做法签订合同。而在实际施工中，由于分包商工艺做法不熟练，施工安装精度不高，导致按照施工质量验收规范进行验收时供货方维修或返工成本居高不下，分包单位在实际工程施工中，为节约成本或保证工期，导致工艺完成度不佳，安全保证措施不足，住宅产品质量常常受到影响。

在钢结构住宅建设过程中，为避免以上情况的发生，总承包企业应加强自身的成本及技术系统的配合，建立以深度达到工艺方案的图纸深化体系为基础的成本预算体系，以确定合理的合同价格。同时采用分标段招标的方式，以两家以上的分包商同时进行施工，既可产生对标竞争的氛围，又可在某个分包商执行效果不佳时，采用替换或者整改的方式确保工程质量、安全、进度与成本的协同管控。

问题 26：如何选择合格的供货方？

实施建议：

钢结构住宅项目选择供货方，可按以下方面考虑：

1. 考察供货方。考察供货方是第一次提供产品的前期动作，目的了解综合情况。

2. 短期标准。短期标准主要从质量保证体系、安全保障体系、产品的价格水平、项目履约能力以及售后服务等方面综合比较。

3. 长期标准。长期标准需要建立健全合格供应商评价体系，选择一些已合作的供应商建立长期战略合作协议，保证各方面条件前提下，价格最具有竞争力的供应商。

问题 27：钢结构施工能否较好解决秋冬季节环保管控问题，达到连续施工？

实施建议：

钢结构住宅的施工符合绿色施工理念，环境污染少，一般不受秋冬季节环保措施的管控。在某些城市秋冬季节限制工地现场土方作业、混凝土浇筑施工，钢结构的安装不受限制。楼板混凝土浇筑、土石方施工需要和有关部门提前沟通，或者采用全预制楼板。在某些城市曾经有过所有工地停工的最严停工令，如果遇到这种情况，钢结构装配式建筑项目可与有关部门进行沟通。其中河南省在《河南省钢结构装配式住宅建设试点实施方案》中规定采用装配式钢结构建筑技术施工的项目在满足"六个百分之百"要求下，可不受管控天气停工限制。六个百分之百指施工工地周边 100％围挡、物料堆放 100％覆盖、出入车辆 100％冲洗、施工现场地面 100％硬化、拆迁工地 100％湿法作业、渣土车辆 100％密闭运输。

问题 28：钢结构施工受季节影响大吗？

实施建议：

主要影响钢结构施工的季节性因素是雨、雪、大风天气。钢结构施工以吊装为主，雨雪天气影响能见度（零星小雨雪除外），大风天气起吊，构件摆动比较大，此类条件下容易引发安全生产事故。另外风雨天气对钢结构焊接会有不利影响，需要现场采取防风雨措施。

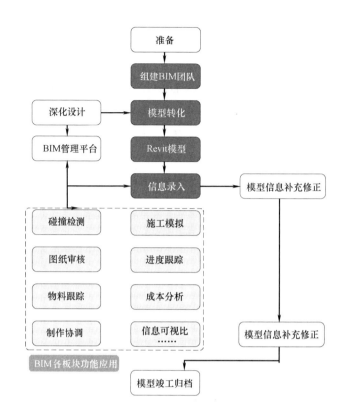

图 2.1.3.1　BIM 整体实施流程图

在北方地区影响较大的还有冬季的低温，会影响施工现场劲性柱及楼承板混凝土的浇筑，需要采取添加抗冻剂等辅助措施。这部分混凝土数量很少，对施工的影响不大。在 5℃以下，钢结构焊接施工通常采用搭设保温棚的方式保证焊接质量，可以保证冬季的施工进度。

问题 29：钢结构住宅施工阶段如何开展 BIM 工作？

钢结构住宅主体结构均为钢构件，需要在工厂完成加工制作。在深化设计阶段需要由机电、幕墙、装修等专业进行预留洞口、连接板等提供资料，BIM 技术的应用将提高该部分工作的质量和效率，使钢构件在工厂完成预留洞口和连接板加工，减少现场工序，提高构件质量。另外，BIM 技术管理平台，可实现物联网管理，对项目质量、进度、成本等方面均有一定效果。

BIM 工作模式的整体实施流程建议如下图 2.1.3.1 所示。

BIM 模型交互工作流程如下图 2.1.3.2 所示。

构件信息跟踪流程如下图 2.1.3.3 所示。

单个状态在 BIM 平台里可划分并反映为多个不同阶段。

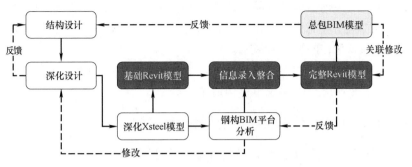

图 2.1.3.2 模型交互工作流程图

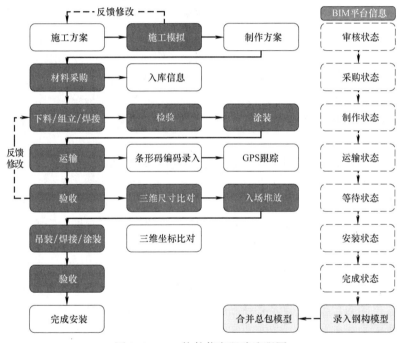

图 2.1.3.3 构件信息跟踪流程图

2.2 钢结构住宅设计中的技术问题

建筑专业是设计的龙头，在充分熟悉钢结构住宅的基础上，应全面协调结构、设备、装修等专业，在标准化、一体化设计方面充分发挥组织协调的优势，在设计前期打好基础。结构专业是目前推动钢结构住宅发展的重要力量，在项目设计过程中，要从结构选型、结构受力性能、经济安全、构件标准化、节点深化、制作施工便利性、与其他专业的协调等方面，做出专业做出水平。机电设备和装饰装修设计是钢结构住宅品质体现的重点环节，设计人员结合建筑与结构专业，针对钢结构住宅的特点，将设备装修与钢结构充分融合，充分发挥钢结构的优势，规避可能存在的缺陷和风险。

钢结构的防腐蚀、防火、防开裂、防水、防渗漏是社会重点关注的问题。在设计环节，各专业应充分考虑节点构造做法。

2.2.1 钢结构住宅建筑设计中的问题及对策

问题 30：钢结构住宅体系选择的合理方案是什么？

实施建议：

根据目前国内钢结构住宅的技术发展水平及实施经验，钢结构住宅体系的合理方案选择，建议采用钢结构＋幕墙＋装配式装修的总体方案。

1. 钢结构的选择应优先考虑室内无凸梁凸柱、结构满足建筑使用功能要求、结构受力合理、标准化程度高、方便审图、制作简便、对招标无限制等；

2. 外围护系统选用填充墙＋外侧干挂幕墙体系，可以较好地解决外墙保温、防水、防开裂等问题；

3. 内装修系统优先选用装配式装修，有效解决建筑隔声、墙体开裂、钢结构防火与装饰的问题。

问题 31：钢结构住宅的户型设计怎么考虑与钢结构的有效配合？

实施建议：

户型的设计宜标准化、模数化，开间、进深等尺寸需要与结构工程师密切沟通，对结构构件的标准化以及后期材料采购、制作安装都有较大影响。

钢结构目前应用较多的以梁柱组成的框架体系居多，户型布局需要考虑结构的贯通和布置可行性，平面布局尽量规整，横墙尽量对齐，减少立面凹凸。

钢结构住宅的户型设计需要考虑钢结构的经济性，需要结构工程师早期的密切配合。不同的户型布局影响结构的布置，对结构材料用量影响较大，需要多次协调配合。

问题 32：建筑外墙各类线条、凸窗造型与钢结构怎么连接？

实施建议：

各类造型尽量与混凝土楼板连接，或采用干挂预制构件的方式，尽量避免直接和主体钢结构焊接。

问题 33：钢结构住宅的节能保温有什么特殊之处？

实施建议：

住宅的节能保温需要通过节能计算。保温主要依靠保温材料，结构本身的保温效果有限。钢结构住宅保温材料的选用与混凝土住宅建筑差别不大，可以选用岩棉等保温材料。

钢结构住宅中，保温材料的连接固定，需要考虑混凝土与钢结构的差别。在混凝土建筑中保温层可以通过粘锚的连接方式，可以在混凝土建筑上钻孔锚固。钢结构住宅中，锚固方式需要采用射钉或预先设置连接龙骨的方式，方便保温层的锚固。

问题34： 钢结构住宅的冷桥怎么处理？

实施建议：

1. 钢结构住宅的外墙建议做外保温，形成完整的外层保温层；

2. 需要进行防冷桥计算。在阳台、设备平台等无法形成完整外保温层的特殊位置，需要通过防冷桥计算来保证；

3. 注重细节的特殊处理。对建筑外墙可能产生冷桥的地方，需要对细节做特殊的处理。

问题35： 钢结构住宅项目，建筑专业需要重点关注哪些问题？

实施建议：

钢结构住宅项目中，建筑专业作为统领专业，首先需要考虑各专业之间的协调，然后再逐步进行设计，与传统钢筋混凝土的形式不一样，组织协调顺序不一样。

在传统混凝土住宅项目，由于结构形式已经相对成熟，结构材料成本对建筑户型不十分敏感。钢结构住宅有较大的差异性，户型的确定要优先考虑结构形式、用钢量等。钢结构住宅中，对钢结构的造价关注度比传统形式要高，户型设计时应适当考虑结构因素。

钢结构住宅中的设备专业与结构专业的配合很重要，比如管线穿梁、开关插座的布局之类。要求各专业比传统混凝土中的要求更精确紧密，否则后续施工中会出现问题。

针对建筑专业的具体工作，由于钢结构住宅处于发展阶段，没有类似于混凝土结构的成熟完善的节点构造形式，没有正式编制应用的钢结构节点图集参照，现实工程中大部分内容需要建筑专业去创新，按照原理去设计发挥。目前虽然已经能大部分解决基础矛盾，但仍不断遇到新的问题，也有待于研究开发。

钢结构住宅中，新材料、新技术的应用与钢结构体系相适应的问题，对建筑的影响比较大。特别是住宅建筑为了凸显特色，以往设计中经常做一些线脚造型，对钢结构外墙的影响比较大，目前除了干挂铝板或者石材之类，很难找到可以任意发挥、不受限制的解决方案，这将会导致设计外立面造型变得单一。目前建筑专业常采用的方式有两种：一是大线脚尽量干挂，局部支模浇注混凝土；二是小线脚用保温层的厚度去调节，需要控制厚度避免脱落。

2.2.2 钢结构住宅围护墙体做法与构造问题及对策

问题 36： 如何避免轻质外墙板的开裂问题？

实施建议：

以目前应用最广泛、技术最成熟的 ALC 外墙板为例，ALC 墙板的开裂原因可归纳为以下几方面：

1. 板材质量问题。墙板材料质量与墙体裂缝是息息相关的，有些生产工艺达不到国家要求或者配料、工艺不合理的板材，干缩值超标；有的项目为满足工期，将不够龄期的墙板送至现场使用，墙板安装后仍然水化、失水从而造成更大干缩，加剧裂缝开裂，这是目前比较普遍的问题。

2. 施工质量问题。由于缺少对 ALC 墙板安装工程的实践经验，工艺、工具、砂浆等都沿用了传统砖墙的做法，无法保证施工的质量，工程竣工后在使用过程中很容易出现墙面裂缝或渗水等现象。问题主要表现在：墙板安装时仍处于潮湿状态，装配完成后的板材产生较大干缩，产生安装裂缝；嵌缝砂浆不饱满，普通的水泥砂浆发生硬化而收缩，就可能造成墙板安装后沿安装缝开裂。

3. 其他因素。在实际工程中，还有很多原因会造成 ALC 板出现裂缝，例如：干缩变形、超标风荷载、不均匀沉降、地震荷载、温度变化、冻融冻胀产生的变形也会导致裂缝的产生。

针对以上原因，可采取以下解决方法：

1. 严格控制板材质量。考察板材生产企业的规模和实力，保证 ALC 墙板出厂时的含水率相对稳定。项目部合理安排工期，并按安装计划天数通知生产部门，保证出厂墙板达到 28d 龄期。运输板材时，墙板上需覆盖防雨布。墙板运送到现场后，用专用推车运至作业面并按规格分类堆放，堆放时两端用垫木或加气砖垫平，并采取措施防止墙板受潮淋湿。

2. 选择合理的节点构造和板间拼接方式，安装时选用 ALC 墙板专用黏结剂或砌筑砂浆，并在外墙面满挂耐碱玻纤网格布，并用抗裂性能较好的聚合物水泥砂浆找平。

问题 37： ALC 墙体门窗洞口节点怎么做？

实施建议：

ALC 门洞口节点作业方法：先依次安装门洞两侧的竖向 ALC 条板，再安装门洞上方的横向 ALC 条板，横板两侧与竖版搭接宽度不小于 100mm，两板接缝处采用 M10 螺栓进行拉接。当门洞宽度大于 1.6m 时，在门洞口布设角钢门框加固，角钢规格为竖向∟80mm×5mm、横向∟75mm×5mm。ALC 墙体门窗洞口节点构造如图 2.2.2.1 所示。

ALC 窗洞口节点作业方法：从一侧向另一侧依次安装窗洞一侧 ALC 条板、

角钢（竖向∟75mm×5mm、横向∟63mm×5mm）窗框、窗下 ALC 条板、窗洞另一侧 ALC 条板。条板上下与角钢之间采用滑动 S 板＋锚栓进行连接。

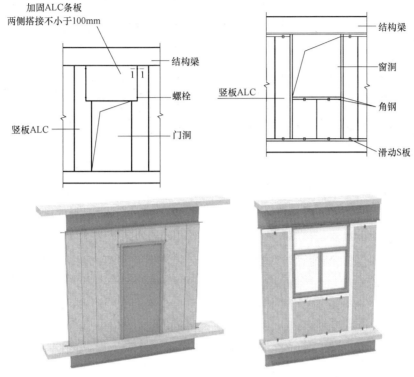

ALC门洞口节点工艺大样图　　　　ALC窗洞口节点工艺大样图

图 2.2.2.1　ALC 墙体门窗洞口节点

问题 38：ALC 及其他外墙板的节点处理，在抗震和风荷载作用下变形量如何控制？

实施建议：板型选择、安装方法及可承受层间位移角，可参考图集 03SG715-1，如表 2.2.2.1 所示。

图集 03SG715-1 中层间位移角　　　　　　　　　表 2.2.2.1

页次编号	安装方法	可承受的层间位移角					适用的结构类型及施工难易程度	适用板型
		1/50	1/100	1/120	1/150	1/200		
13⑤	竖装墙板插入钢筋法					○	适用于层间位移较小、刚度较大的钢和钢筋混凝土结构	C 型板
13⑥	竖装墙板插入钢筋法＋螺栓固定					○		C 型板
14⑦	竖装墙板滑动工法			○	◎	◎	适用于层间位移较大的钢和钢筋混凝土结构	C 型板
14⑧	竖装墙板下滑动＋上滑动螺栓				○	◎	适用于层间位移不大、刚度较大的钢和钢筋混凝土结构	C 型板

页次编号	安装方法	可承受的层间位移角					适用的结构类型及施工难易程度	适用板型
		1/50	1/100	1/120	1/150	1/200		
15⑨ 15⑩	竖装墙板螺栓固定工法			○	○	○	适用于层间位移和刚度中等大小的钢和钢筋混凝土结构干法,施工方便	TU型板
16⑪	竖装墙板摇摆工法(ADR法)	◎	◎	◎	◎	◎	适用于层间位移大、刚度小的钢结构,干法,施工方便	TU型板
24⑤ 24⑥ 27⑩	横装墙板螺栓固定工法			○	○	◎	适用于层间位移较大、刚度较小的钢和钢筋混凝土结构干法,施工方便	TU型板
25⑦	横装墙板摇摆工法(ADR法)	○	◎	◎	◎	◎	适用于层间位移大、刚度小的钢结构,干法,施工方便	TU型板

注：1. 表中○表示少数轻微损坏，易修补，◎表示完好无损；

2. 在足尺模拟地震试验中，竖装墙板摇摆工法和横装墙板摇摆工法经受10.5度地震（加速度1.2g）后节点完好无损。

问题 39：填充墙与钢结构之间应选用何种连接方式及填充材料？

实施建议：

钢结构早期在建筑中的应用是在工业建筑类，由于厂房建筑采用纯钢结构，结构侧移大，早期的图集中，填充墙和钢结构之间都是留缝的柔性连接。

钢结构在公共建筑中应用后，高层建筑多有核心筒，结构侧移小，外墙多采用幕墙体系，填充墙和钢结构的连接研究较少，延续了之前的做法。

目前国内主要规范、图集上，填充墙与钢结构的连接做法几乎都是柔性连接。填充墙和钢结构留缝，填充柔性材料，比如岩棉、发泡聚氨酯等。柔性材料仅仅是填充隔声保温用的，钢结构的防火需要另外处理。

在住宅建筑中，柔性连接存在一定防水防渗漏、墙体开裂、隔声等方面的隐患。在一些钢结构住宅项目中尝试过页岩砖填充墙与钢结构刚性连接的做法，浙江大学也做了一些实验，结果证明是可靠的。

目前业内关于此问题仍存有争议，需要更多的实验研究和工程应用支撑。

2.2.3 钢结构住宅结构设计中的问题及对策

问题 40：钢结构住宅的结构体系选用有哪些原则？

实施建议：

钢结构住宅项目中，结构选择是最重要的，不但关系到住宅建筑的最终使用效果，也涉及项目的成本造价。结构体系的选择应遵循如下原则：

1. 结构构件的布置要满足住宅建筑的需求，不影响住宅的户型灵活布局、门窗设置、设备管径穿设等要求，钢结构构件不能凸出房间内，影响住宅的使用效果。

2. 结构安全可靠、应用成熟。结构体系宜满足现有结构规范的要求，对于创新结构体系，应有可靠完备的理论分析、实验研究，并经过国家级专家论证。对于开发商的商品房项目，新技术方案需要应用成熟可靠，应有多项住宅项目的应用案例。对于政府建设单位项目，在有可靠论证和建设单位支持下，可以采用项目应用经验较少的新结构体系。

3. 便于施工图审查。结构体系的选用，在结构创新方面宜贴合现有规范，在主要参数、指标方面与现有规范一致，便于施工图审查。

4. 便于建设单位招标。结构构件选用标准化构件，易于采购、制作简便，无特殊垄断供货厂家和生产设备限制，便于建设单位公开招标。

5. 综合成本低。结构体系用钢量经济、制作成本低，综合成本可靠，便于建设单位的总成本控制。

问题 41：钢结构住宅的结构构件选用有哪些原则？

实施建议：

钢结构住宅的结构构件选用，宜结合国内钢结构生产制造的现状，本着结构受力合理、材料用量经济、便于采购、便于生产、质量可靠、成本可控的原则。构件的选用宜选用国内标准化型材，避免构造复杂、截面异形、加工麻烦、质量控制难度高的构件形式。

问题 42：钢结构住宅的层间位移角大于混凝土住宅，会不会引起墙体开裂？

实施建议：

钢结构住宅的设计，不同规范对层间位移角的控制指标不同。对于高层钢结构住宅建筑，层间位移角有两部分组成，一是侧向荷载作用下建筑整体弯曲变形引起的弯曲位移角，二是层间剪切变形形成的剪切位移角。弯曲位移角是刚体变化，不会引起墙体开裂，只有剪切位移角会产生层间变形，是有害位移角。

在高层钢结构建筑中，由于抗侧力支撑及钢板剪力墙的存在，结构整体刚度得到有效控制。住宅建筑在风荷载作用下的位移控制都比较严格，一般不小于 1/350 或 1/400，有害位移角所占比例很小，一般都在 1/1000 量级以下。

在国内一些钢结构住宅项目中，也采用了填充墙与钢结构刚性连接的做法，经过分析和实验，因为结构侧移的原因并没有引起墙体的开裂。

目前不同的专家对此问题有不同的看法，有待进一步的实验研究和工程案例观察。

问题 43：为了适应建筑需要，采用小截面钢结构构件，稳定问题怎么解决？

实施建议：

钢结构的稳定是结构设计的重点关注问题。对于截面形式满足规范要求的，按照规范给定的方法计算设计，满足稳定要求。对于截面形式超出规范的，需要通过理论推导、有限元分析和实验的方法，得到安全可靠的构件稳定设计方法，并经过国家级专家论证。

在钢结构住宅中，之所以可以采用小截面钢结构构件，与钢结构住宅的特点有关。与公共建筑大开间、梁跨度大柱子少的特点相比，住宅的开间相对较小，空间布局灵活。钢结构为了满足建筑的需求，时常会设置较多的竖向构件，形成密柱小梁结构。单根柱负担的竖向荷载较小，柱子的轴压比较小。相同稳定应力水平控制指标下，钢结构住宅可以采用较小的截面，不会有稳定问题。

问题 44：在钢结构住宅中，除了压型钢板组合楼板，楼板还可以采用哪种方式？

实施建议：

1. 钢筋桁架楼承板。以钢筋为上弦、下弦及腹杆，通过电阻点焊连接而成的桁架叫作钢筋桁架。

钢筋桁架与底板通过电阻点焊连接成整体的组合承重板叫作钢筋桁架楼承板。底板一般为镀锌平板或微压纹镀锌板。

钢筋桁架受力模式合理，选材经济，综合造价优势明显，可设计为双向板可调整桁架高度和钢筋直径拟适用于跨度较大的楼板。用价格比较便宜的材料提供楼板施工阶段的刚度，以最大限度减少价格比较贵的材料用量，从而降低成本。

现场钢筋绑扎工作量可减少 $60\%\sim70\%$，现场钢筋绑扎量在 $2\sim3\mathrm{kg/m^2}$ 之间，可进一步缩短工期，桁架受力模式可以提供更大的楼承板刚度，可大大减少或无需用施工用临时支撑。力学性能与传统现浇楼板基本相同，楼板抗裂性能好，耐火性能与传统现浇楼板相当，优于压型钢板组合楼板，底模不参与使用阶段受力，不需考虑防腐问题。

2. 预应力混凝土叠合板。预应力混凝土叠合板是由预制板和现浇钢筋混凝土层叠合而成的装配整体式楼板。叠合楼板整体性好，板的上下表面平整，便于饰面层装修，适用于对整体刚度要求较高的高层建筑和大开间建筑。

叠合楼板整体性好，刚度大，可节省模板，而且板的上下表面平整，便于饰面层装修，适用于对整体刚度要求较高的高层建筑和大开间建筑。叠合楼板跨度一般为 $4\sim6\mathrm{m}$，最大跨度可达 $9\mathrm{m}$。

叠合楼板的一个组成部分是现浇混凝土层，其厚度因楼板的跨度大小而异，但至少应与预制薄板的厚度相等。随着跨度的增大，往往在现浇混凝土层内填以膨胀聚苯乙烯板；膨胀聚苯乙烯板铺在预制薄板的上部，形成一个叠合断面，以减轻现浇混凝土的重量并可作为叠合楼板的保温隔音层。

由于在现浇混凝土层内配置了负钢筋，形成了一些峰间支点，使箱形断面成为连续结构。

3. 预制混凝土楼板。预制板就是 20 世纪早期建筑当中用的楼板，在现场或工厂生产加工成型的混凝土预制件，直接运到施工现场进行安装。

问题 45：对于钢筋桁架楼承板，种类较多，如何选择具体的形式？

实施建议：

钢筋桁架楼承板有焊接式、装配式之分，装配式又有镀锌钢板、竹胶板、木胶板、塑料模板和铝合金模板之分。

传统的钢筋桁架楼承板，采用 0.5mm 厚镀锌钢板与钢筋桁架焊接而成，具有整体性好的优点，经过多年市场推广，竞争充分成本经济。缺点是在住宅中应用底模板需要撕除后抹灰，或者喷涂界面剂后腻子找平，界面剂与镀锌钢板的粘结强度和耐久性应有可靠的实验验证。

装配式钢筋桁架楼承板，采用连接件的形式，将可重复利用的模板和钢筋桁架装配在一起，具有楼板成型质量好、模板可重复利用、楼板底无需抹灰直接批腻子等优点，缺点是目前造价高于传统的钢筋桁架楼承板。几种模板形式各有优缺点，成型质量都较好，主要区别是产品的价格。

在钢结构住宅中应用，传统的钢筋桁架楼承板和装配式钢筋桁架楼承板都可以选用，技术上没有本质区别。需要从厂家供货周期、施工进度、综合造价等多方面权衡考虑。

问题 46：钢结构住宅中，楼梯采用混凝土现浇楼梯、预制混凝土楼梯还是钢楼梯？

实施建议：

根据已有的钢结构住宅实施经验来看，混凝土现浇楼梯、预制混凝土楼梯和钢楼梯都有过工程项目的应用经验。

在住宅建筑中，一般一个单元只有一个楼梯，以剪刀楼梯居多。住宅中楼层都是标准层，楼梯的标准化程度高。楼梯在总体工程量中占比较小，而且不在施工网络的关键节点上，相对比较独立。

现浇楼梯的优势是技术成熟、造价经济，缺点是不算装配率。现浇楼梯并不影响整个项目的工期，在主体结构施工安装的同时，楼梯班组可以支设模板绑扎绑紧，主体结构楼板浇筑时，可以将楼梯一起浇筑成型。

与现浇混凝土楼梯相比，预制混凝土楼梯和钢楼梯具有整体质量好、施工方便、节约模板、减少建筑垃圾的优点。钢结构楼梯自重轻，在制作安装角度比较便利，但在人行舒适度上较混凝土欠佳，而且钢材的价格较混凝土明显为高。虽然钢筋混凝土预制楼梯较钢结构楼梯存在自重大、与钢结构连接节点不成熟的劣势，但通过增设钢梁支撑，整片或分片式装配楼梯施工技术，降低了单片预制梯段板的吊装自重，能够有效解决自重大的难题。对比钢结构楼梯具有造价低、施工工序少、完成面美观、接受程度高的的优势。综合考虑造价成本、现场安装工序、民众接受程度等因素，预制钢筋混凝土楼梯较钢结构楼梯在装配式钢结构住宅工程项目中更具推广应用价值。

2.2.4 钢结构住宅的防水、防腐蚀与防火问题及对策

问题 47：钢结构的厨卫、外墙、屋面是用何种工艺，何种材料达到防水要求的？效果及耐久性怎样？

实施建议：

一、钢结构建筑厨卫的防水处理按照墙体基材的不同主要有两种方式，两种不同的方式又分别有干法和湿法两种不同工艺。

1. 楼板为混凝土，墙体使用 ALC 板、聚苯颗粒发泡混凝土复合板等条板类材料的，一般会在楼板面先做一道不小于 200mm 高度的反坎，然后将条板安装在反坎上。条板间及四周拼缝位置使用专用黏结剂进行填充封堵，然后对墙、地面用混凝土界面剂进行界面处理。

1）湿法工艺：采用水泥基渗透型柔性防水砂浆作为防水层，横向、竖向各涂装一遍，厨卫干区高度 450mm，湿区高度最少 1800mm，再使用水泥砂浆或瓷砖胶铺贴瓷砖。墙面管道接口处四周需用聚氨酯发泡剂填充后用防霉耐候密封胶封堵，密封胶需盖过洞口边沿最少 8mm，地面排水管道接口处用砂浆填实，管道外露部分拉毛并做界面剂，用丙纶布拌和防水砂浆进行包裹，高度不小于 400mm。丙纶布向地面方向延伸做 150～200mm 的翻边并在翻边表面做 200～250mm 的防水砂浆覆盖丙纶布。

墙体与地面阴角位置用丙纶布拌和防水砂浆覆盖，向墙面及地面做 100～150mm 的翻边，翻边表面再做 150～200mm 的防水砂浆覆盖丙纶布。墙角阴角位置同样照此处理。

使用集成厨卫或装饰挂板等需要在墙体表面铺设龙骨的，则龙骨与墙地面连接位置的钉孔需要打耐候防霉密封胶或粘贴丁基胶带，管道接口处需设置装饰性套管，套管边沿打防霉密封胶。

2）干法工艺：采用改性沥青类防水卷材或防水透气膜作为防水层，从下往上铺设，卷材搭接边不小于 100mm。改性沥青类卷材搭接边需用热风焊粘牢，防水透气膜搭接边用定基胶带粘接，卷材布设高度可参考湿法工艺或通高。地面卷材需向四周做 300～400mm 高的翻边并搭接在墙面卷材的底部，墙面卷材向地面延伸 200～300mm 搭接位置用热风焊粘牢或丁基胶带粘接。墙面管道接口位置的卷材需开"十"字形口，不可将卷材直接裁掉。"十"字形口周边用条状卷材包裹并向墙面延伸 100mm 左右，采用热风焊或丁基胶带粘牢。地面管道接口位置同样照此处理，向四周延伸 200～250mm 用热风焊或丁基胶带粘牢。

墙面与地面阴角位置将卷材裁成条状各向墙、地面延伸 150mm 左右并粘接牢固，墙角位置同样照此处理。防水透气膜不适用于地面的防水，可以和改性沥

青类卷材搭配使用。

使用集成厨卫或装饰挂板等需要在墙体表面铺设龙骨的，则要先铺防水卷材，龙骨与墙、地面连接位置的钉孔需要打耐候防霉密封胶或粘贴丁基胶带，管道接口处需设置装饰性套管，套管边沿打防霉密封胶。

2. 楼板为混凝土，墙体使用轻钢隔断墙体系的，需在楼板面先做一道不小于 200mm 高度的反坎，然后将轻钢隔断墙安装在反坎上。板间及四周拼缝位置使用专用填缝剂进行填充封堵，然后对墙、地面用混凝土界面剂进行界面处理。厨卫厕的板材优先选用水泥纤维板。

二、依照钢结构建筑外墙装饰系统的不同，其防水处理主要有两种方式：

1. 外墙装饰采用油漆类涂装的，需要先在 ALC 板与钢结构的四周接缝位置做一道 MS 密封胶的抗裂处理，然后在 ALC 板表面做一层混凝土界面剂，再使用柔性聚合物防水砂浆作为其防水层，最后再涂装油漆。如在北方或需要做外墙外保温的，则柔性聚合物防水砂浆需要做在聚合物抗裂砂浆表面，再涂装油漆。

2. 外墙装饰采用幕墙类的，需要先在 ALC 板与钢结构的四周接缝位置做一道 MS 密封胶的抗裂处理，然后在 ALC 板表面做一层混凝土界面剂。

也可直接采用改性沥青类防水卷材、防水透气膜来作为防水层，龙骨连接位置的处理同上。

三、钢结构建筑的屋面板当前一般与楼板做法一致，使用为钢筋桁架楼承板、压型钢板、全预制楼板，属于混凝土类基材，其防水处理当前主要以改性沥青类防水卷材为主。

综上所述，几种防水材料和工艺都符合相关的国家规范，能够达到住宅厨卫、外墙、屋面的防水需求。紫外线是影响卷材类防水材料耐久的主要因素，在厨卫、外墙和屋面的应用当中，卷材处于密闭空间内，实际上避免了紫外线影响，耐久性能够普遍超过规范要求的 15 年期限。

问题 48：钢结构住宅中，常见的涂料外墙的防水如何处理？

实施建议：

传统施工中也有内外墙开裂的问题，钢结构住宅变形相对较大，外墙防水需要特别重视。按现行规范外墙都进行整体防水。对于常见的涂料墙面，为了解决不同材料之间的墙面开裂、外墙渗水问题，建议在不同材料交界处，将通常采用的耐碱玻璃纤维网布改为热镀锌电焊网作抗裂增强处理，结合保温做法中采用热镀锌电焊网替代耐碱玻璃纤维网布。应系统考虑外墙保温、防水、防裂。

问题 49：钢结构住宅中，钢构件的防腐问题如何解决？

实施建议：

钢结构构件的防腐可以采用涂料的方式解决。根据研究，钢材在建筑内部环境中的腐蚀速度很小。全球范围内的钢结构建筑中，除了直接外露的情况，钢结构建筑内部主体几乎没有因为腐蚀问题进行维护翻修的案例。所以，只要在涂装处理合理的情况下，建筑内部的钢结构不会因为腐蚀问题影响到安全。

多高层钢结构住宅的卫生间、厨房，以及室外的阳台、屋面板、墙面板等易渗水、漏水使钢结构受侵蚀之处，在构件防腐设计及构造处理上，应予以特别注意，构件表面宜采用钢丝网防水砂浆包裹，确保安全使用；螺栓、垫圈、节点板等连接构件的耐腐蚀性能不应低于主材材料；对于不易维修的构件和部位应加强防护，闭口截面应沿全长和端部焊接封闭。

问题 50：钢结构住宅的防火保护有哪些做法？

实施建议：

我国钢结构建筑的应用比例较低，大多应用于公共建筑中。在公共建筑中，现阶段的钢结构防火保护普遍采用厚型非膨胀防火涂料，有成熟的产品标准和应用技术规范，是最经济合理的方法之一。厚型非膨胀型防火涂料的防火主要是通过其自身的隔热作用及某些受热反应来实现，相对于膨胀型防火涂料更加简单，不需要在火灾发生时形成充分膨胀的碳化层。其具有性能可靠、施工方便、适用范围广、造价低等优点，但也存在涂层厚、自重大、表面粗糙、装饰性差等问题，用于室内时，防火性能与装饰性能的矛盾更为突出，厚型防火涂料粗糙疏松的表面无法满足装饰需求。

根据以往钢结构建筑中厚涂型非膨胀防火涂料的应用经验，防火涂料喷涂后，外面还有一层建筑装饰层，装饰层与防火涂料没有接触，对防火涂料是一种较好的保护。在公共建筑中，这种做法并没有问题，但是在住宅中，这种做法会增加构件的截面，引起室内凸梁凸柱，影响住宅建筑的室内使用功能。如果直接在防火涂料外层做装饰面，则存在如下几点问题：

1. 普通厚涂型防火涂料的抗压强度低。常见的厚型钢结构防火涂料的抗压强度大多低于 3.0MPa，用于室内墙面强度过低。

2. 防火涂料与钢材表面的拉伸粘结强度低。钢结构表面有油漆，厚型钢结构防火涂料的拉伸粘结强度多为 0.1～0.4MPa，与钢结构构件表面的结合较薄弱，易出现空鼓现象。

3. 防火涂料表面的平整度差。厚型钢结构防火涂料的原料中含有颗粒状绝热骨料，喷涂或抹涂后完成面平整度欠佳，需要增加一道找平工序。

4. 与外层抹灰砂浆的结合性能不确定。厚型钢结构防火涂料本身强度较低，如果在表面采用强度相对较高的水泥砂浆抹灰找平，则容易出现开裂情况，目前没有较好的解决方案。

为了规避厚型防火涂料的上述问题，常用的替代做法如下：

1. 钢柱表面喷涂防火涂料＋复合防火面板

对于有较高装饰要求的钢柱，《建筑钢结构防火技术规范》GB 51249—2017

给出了非膨胀型（厚型）防火涂料与防火板（纤维增强无机板材、石膏板）复合使用的构造方法。钢结构采用复合防火保护时，钢柱的防火保护构造宜按图 2.2.4.1 所示构造选用。

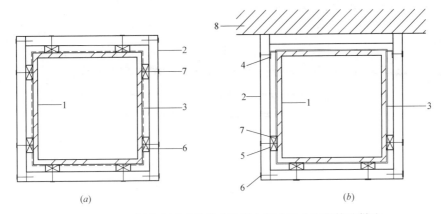

(a) (b)

图 2.2.4.1　钢柱表面喷涂防火涂料＋复合防火面板构造做法
（a）一般位置的箱形柱；（b）靠墙的箱形柱
1—钢柱；2—防火板；3—防火涂料；4—钢龙骨；5—垫块；6—自攻螺钉（射钉）；7—高温粘贴剂；8—墙体

　　该做法防火效果可靠，且为规范中推荐的做法，有充分的依据。其缺点在于施工工序复杂，材料成本和人工成本偏高，且防火涂料和面板间存在空隙，占用了一部分室内空间。

　　2. 钢梁内填充加气砌块

　　《建筑钢结构防火技术规范》GB 51249—2017 给出了采用外包混凝土或砌筑砌体保护钢梁的构造做法，如图 2.2.4.2 所示。

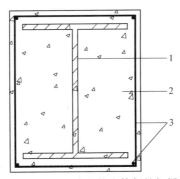

图 2.2.4.2　外包混凝土或砌筑砌体保护钢梁的构造做法
1—钢构件；2—混凝土；3—构造钢筋

　　在钢梁内填充蒸压加气混凝土砌块并挂网抹灰的方式与该构造类似，且蒸压加气混凝土砌块的防火性能优于混凝土，因此在防火效果上是可靠的。挂网抹灰后便于进行后续饰面工序，可以满足室内装饰要求。尽管该做法仍存在交接处、开洞处等表面不规则区域较难处理的问题，总体上仍然是可行的做法。

3. 钢柱表面贴加气混凝土薄板

《蒸压加气混凝土砌块、板材构造》13J104、《蒸压轻质加气混凝土板（NALC）构造详图》03SG715-1、《蒸压轻质砂加气混凝土（AAC）砌块和板材建筑构造》06CJ05 三本图集均给出了钢柱外包 50mm 厚防火薄板的构造，加气混凝土薄板需采用自攻螺钉固定在轻钢龙骨上，如图 2.2.4.3 所示。

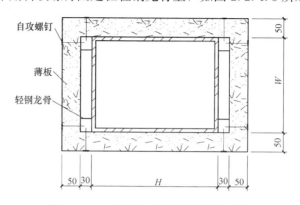

图 2.2.4.3 钢柱表面贴加气混凝土薄板

《蒸压轻质加气混凝土板（NALC）构造详图》03SG715-1 中提到，在国家固定灭火系统和耐火构件质量监督检验中心按《建筑构件耐火试验方法》GB/T 9978—1999 检验，S50 板（厚度 50mm，标准宽度 600mm，单层双向配筋）包钢柱耐火极限≥4h。

在实际工程应用中，可能需要采用小于 50mm 的蒸压加气混凝土板材用于防火。根据《建筑钢结构防火技术规范》GB 51249—2017 的规定，应通过标准耐火试验确定材料的等效热传导系数，按规范提供的公式计算防火保护层厚度。

4. 岩棉复合防火面板

《建筑钢结构防火技术规范》GB 51249—2017 给出了钢柱采用柔性毡和防火板复合保护的构造图，如图 2.2.4.4 所示。

如采用刚性岩棉板，与该构造是类似的。该做法的防火效果可以保证，存在的问题是整个防火保护层厚度过大，施工工序复杂，完成面敲击存在空鼓声。

问题 51：钢构件防火保护层的厚度如何确定？

实施建议：

在《建筑钢结构防火技术规范》GB 51249—2017 实施之前，钢结构防火设计主要根据防火涂料检测报告（按照《钢结构防火涂料》GB 14907 测试）。例如：某检测报告中，涂抹了 d 厚度的防火涂料，构件耐火试验测试得到的耐火

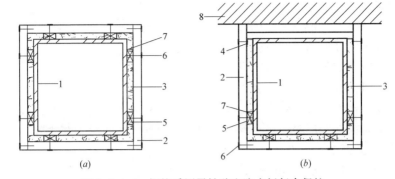

图 2.2.4.4　钢柱采用柔性毡和防火板复合保护

(a) 一般位置的箱形柱；(b) 靠墙的箱形柱

1—钢柱；2—防火板；3—柔性毡状隔热材料；4—钢龙骨；5—垫块；6—自攻螺钉（射钉）；

7—高温粘贴剂；8—墙体

极限为 2.0h。则在设计时，对于耐火极限要求为 2.0h 的构件，其防火涂料保护层厚度均直接取 d。

以上设计方法存在较大的问题，可能造成不安全，或不经济，原因如下：

1. 防火涂料检测报告给出的涂层厚度，是针对特定的构件和指定的荷载比（GB 14907 规定采用 I36b 或 I40b 工字钢）。但是，实际工程中构件的截面、构件的荷载比，一般都不同于 GB 14907 的规定。

2. 构件的荷载比是影响构件耐火时间的主要因素之一。显而易见，当构件的荷载比为 0 时，火灾下构件不会出现破坏，除非熔化；当构件的荷载比接近于 1 时，温度较低的时候，构件就会出现破坏。因此，抗火设计应考虑构件的实际受力情况（荷载比）。

3. 构件的截面形状系数是影响构件耐火时间的主要因素之一。构件的截面形状系数为：截面周长与截面面积之比，表征了构件的厚实程度。显而易见，钢板越薄，截面形状系数越大，火灾下升温越快，耐火极限越小。

针对以上问题，GB 51249—2017 提出了如下计算方法：

绝大多数钢结构不需要采用基于整体结构耐火验算的防火设计方法，对于受弯构件、拉弯构件和压弯构件等以弯曲变形为主的构件，可不考虑热膨胀效应，且火灾下构件的边界约束和在外荷载作用下产生的内力可采用常温下的边界约束和内力，计算构件在火灾下的组合效应。这一规定可极大简化钢框架等结构的抗火设计。进行抗火荷载组合时，可忽略温度内力项，直接采用常温下的各工况的内力，考虑抗火分项系数进行组合。

钢结构构件的耐火验算和防火设计，可采用承载力法或临界温度法。这两种方法的计算流程如下：

1. 承载力法

（1）确定防火保护方法，设定防火保护层厚度（可设定为无防火保护）；

（2）计算构件温度；

（3）确定高温下钢材的力学参数；

（4）计算构件荷载效应组合；

（5）验算构件耐火承载力；

（6）当防火保护层厚度过小或过大时，调整厚度，重复上述步骤。

2. 临界温度法

（1）计算构件荷载效应组合；

（2）计算火灾下构件的荷载比；

（3）计算构件的临界温度；

（4）计算防火保护层的厚度。

不需要考虑温度内力的情况下，临界温度法的应用比较方便。现有的设计软件，可直接计算火灾下构件的荷载比，查表即可得到临界温度，然后根据公式计算厚度。

对每个构件都给出不同的防火保护厚度，显然是难以实施的。为了简化设计和便于施工，可对构件按照楼层、构件截面等进行适当归类，取其最不利的结果作为该类构件的防火保护厚度。

问题 52：钢结构住宅中卫生间降板节点如何处理？

实施建议：降板的建筑做法：在楼板周边设置 C20 素混凝土翻边，高度不宜小于 200mm。

2.2.5 钢结构住宅机电设备与装修设计中的问题及对策

问题 53：钢结构住宅中，钢构件处机电管线如果布置与穿越？

实施建议：

机电管线设计前置与结构设计同步，进行 BIM 建模，确认开孔位置和空洞大小数量，在钢构深化加工时做好预留，避免后期现场开孔困难、费用高昂且容易造成结构安全隐患。电专业开关预埋应避开钢结构竖向构件；电管线沿隔墙向下，应避免和钢梁翼缘冲突。

问题 54：钢结构构件上设备管线开孔的具体要求有哪些？

实施建议：

1. 通过 BIM 优化并确认线管竖向和水平的布设方式和路径，根据管线路径结果定位钢梁开孔位置。

2. 钢梁上相关的开孔位置需在深化图中提前进行定位明确，所有钢梁开孔必须在工厂加工制作。

3. 钢梁洞口需进行节点补强,如腹板开洞时,可采用加设钢套管或环板补强的方式进行补强;翼缘开洞时,可采用翼缘环板补强,并在开洞位置处加设竖向加劲板的方式。

问题55:设备管线如何在柱、梁、墙内部预留预埋?

实施建议:

钢柱位置无法设置管线,可采取其他的竖向管线布置措施。管线穿过钢梁、钢板墙时,工厂加工时可在钢梁相应位置预留洞口,并按规范进行钢梁补强,减少管线布置对层高的影响。

问题56:钢结构住宅中设备减隔振如何实现?

实施建议:由于钢结构住宅的刚度相对较小,阻尼也相对较小,设备运行时产生的振动影响更剧烈,所以在钢结构住宅中,必须做好设备机组的减隔振措施。对于吊装设备,可采用减振吊杆;对于落地安装设备,应设混凝土基础,并设置弹簧减振支座,见图2.2.5.1;对于振动较剧烈的振动源,建议采用浮筑基础+弹簧减振器,见图2.2.5.2。

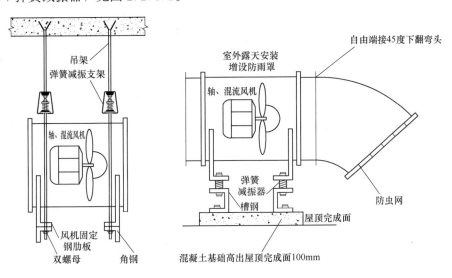

图2.2.5.1 轴、混流风机悬吊安装及落地安装减振示意图

2.2.6 钢结构住宅使用舒适性的控制及对策

问题57:钢结构敲击传声明显,住宅中用钢结构如何解决这个问题?

实施建议:

相比混凝土坚固沉重的质感,钢结构以其轻质高强的材料性能可以做得比较纤细轻薄,为了提高截面稳定性能,大多做成空心管腔结构,公众经常接触到的

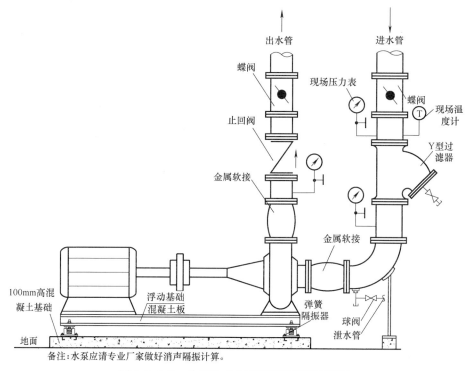

图 2.2.5.2　单吸卧式水泵安装及接管示意图

空间结构、轻钢厂房、健身器材、护栏钢管等，是存在比较明显的敲击传声问题。

在住宅建筑中，钢结构主要在柱、梁和抗侧力支撑钢板墙等构件中。高层建筑结构受力较大，构件截面尺度和钢板厚度较大，钢管柱内灌注有混凝土，对声音传递衰减快。经过实验测试，高层钢结构建筑中钢构件的敲击传声与混凝土建筑没有本质的差别。

经过二次填充墙以及粉刷装修之后，钢结构构件被严密地装饰在建筑内，不存在与用户接触的可能，就没有敲击传声的问题了。

问题 58：钢结构住宅多采用轻质材料，怎么保证隔声问题？

实施建议：

在《民用建筑隔声设计规范》GB 50118 中，对住宅建筑的隔声给出了详细的要求。比如要求分户墙以及外墙楼板等空气声隔声量不小于 45db，分室墙不小于 35db 等。

钢结构住宅与混凝土住宅相比，填充墙、外墙、楼板、门窗的做法都是一致的，材料性能及隔声效果没有差别。两者的隔音差别在钢构件处。

钢结构住宅中，钢柱内灌注有混凝土，隔声问题能够保证。钢梁处填充有砌块或采用石膏防火浆料喷涂密实，外部装修粉刷完好后，可以做到满足规范要求的隔声量。

在钢结构与填充墙交接部位，采用轻质材料填充，内墙板、楼板构造考虑采取隔声构造，一些创新做法需要通过实验验证。

问题 59：钢结构住宅比较柔，用户会不会觉得晃动？

实施建议：

公众关心的高楼太柔晃动问题，根据《高层民用建筑钢结构技术规程》，采用风振舒适度指标来表示。在没有地震和风等侧向荷载作用时，高层建筑是不会晃动的，人们也不会感受到不适感。与风荷载相比，地震作用具有偶发性和不可预测性，地震作用下需要保证结构的安全，舒适性已在其次。风荷载却是每天都会有的，其大小具有一定的分布特征。规范规定 10 年一遇的风荷载作用下，结构顶点的横风向和顺风向振动最大加速度计算值，对于钢结构住宅不应大于 $0.2\mathrm{m/s^2}$，在结构设计时，只要按这个指标控制，则钢结构住宅就不会出现让用户感觉不舒适的晃动感。

问题 60：钢结构住宅的大开间房间，楼板与钢梁组合梁刚度弱，走动时楼板会不会颤动？如何保证楼板的舒适性？

实施建议：

大开间房间振动舒适度可参考《高层建筑混凝土结构技术规程》JGJ 3—2010 相关条文的要求，对于住宅建筑，竖向自振频率不大于 2Hz 时，峰值加速度限制不大于 $0.07\mathrm{m/s^2}$，竖向自振频率不小于 4Hz 时，峰值加速度限制不大于 $0.05\mathrm{m/s^2}$，中间可以差值计算。舒适度设计时，楼盖自振频率、位移和振动加速度计算时应采用荷载标准值。楼盖阻尼比可取 0.03 左右。必要时，可通过增加楼板厚度、增加面层等方式确保楼盖舒适度满足规范要求。

问题 61：钢结构住宅的墙体会不会开裂？会不会引起渗漏、墙体发霉？怎么保证长期耐久性，使用户长期使用舒服？

实施建议：

在住宅建筑中，墙体开裂、外墙渗漏、墙体发霉等问题，是用户经常遇到的一个通病，即使是混凝土住宅建筑中，也经常遇到。在已发表的科研文献中，可以检索到大量该问题的技术讨论。

无论该问题是否是行业通病，钢结构住宅中，都希望给用户提供一个长期的舒适使用体验，解决墙体的开裂问题。

钢结构住宅建议采用外墙设计多道防水构造措施、施工严格把关避免质量隐患、采用幕墙等防水品质好的处理方式，提高住宅的品质，避免类似问题的发生。

2.3 钢结构住宅施工过程中的技术问题

2.3.1 钢结构构件制作加工运输中的问题及对策

问题 62：钢构件生产过程中有哪些常见质量缺陷？解决措施有哪些？

实施建议：

钢构件工厂生产常见的质量缺陷有尺寸偏差、旁弯、扭曲、变形、焊缝缺陷等。

常用解决措施首先应加强构件生产过程各工序的质量检查，及时采用火焰校正、机械矫正等方法进行缺陷校正，质量缺陷较大的构件应重新制作。钢结构住宅构件数量多，对精度要求高，项目部应在加工过程中进行驻厂监造，加强质量管控。

具体质量控制措施与要求应符合《钢结构工程施工质量验收规范》GB 50205 的规定。

问题 63：钢结构除锈的推荐做法有哪些？

实施建议：

钢结构构件一般采用喷砂、抛丸等方法进行除锈。

除锈方法和技术要求应符合招标文件和其他现行相关法规和规范的要求。除锈等级应分别达到《涂装前钢材表面锈蚀等级和除锈等级》GB/T 8923 中的设计要求等级。

现场需要根据设计要求，同时结合工厂设备及工程构件特点，对于能通过抛丸机的构件推荐采用自动抛丸除锈工艺进行构件表面浮锈处理。抛丸除锈时采用细小钢丸为磨料，既可以提高钢材表面的抗疲劳强度和抗腐蚀应力，对钢材表面硬度也有不同程度的提高，且对环境污染程度较轻。

问题 64：钢结构构件运输过程中常见问题有哪些？解决措施是什么？

实施建议：

钢结构构件在运输过程中常见问题有：构件堆放层数较高、连接板变形、构件整体变形、油漆磨损等。

常用解决措施一般包括：严格控制构件堆放层数，构件之间垫放枕木，减少连接板等薄弱构件的碰撞，吊运避免碰撞，若截面较小的构件可采用整体打包堆放。若构件运输过程中造成变形，也可在施工现场的构件堆场进行矫正后安装。详细见下表 2.3.1.1 所示。

问题 65：钢结构构件现场堆放中常见问题有哪些？解决措施是什么？

实施建议：

钢结构构件现场堆放中常见问题有：堆场承载力不足，吊装设备无法操作；

无排水设施，堆场受浸泡；构件无序堆放，先装构件在下；构件堆放层数较多，构件变形。

常用解决措施一般包括：堆场地面硬化，满足承载力需求，并设置排水设施。堆场附近设置警示标志，避免外物碰撞；严格控制构件堆放层数，构件之间垫放枕木，减少连接板等薄弱构件的碰撞，避免吊运碰撞；根据安装计划，有序规划构件堆放顺序。若构件变形，应进行矫正后安装。详细要求如下：

1. 构件按钢柱、钢梁、节点、连接板等类型进行分类堆放，并做好成品保护。

2. 主杆件单层堆放，间距 1m。

钢结构运输过程中的控制措施　　　　　　　　　　表 2.3.1.1

序号	项目名称	内　容
1	人员控制	公司指派专人对钢构件运输进行全程监控,确保其装卸无污损、无磕碰。在运输过程中发现问题及时反馈,妥善解决
		对作业工人的着装进行检查,特别是对手套和鞋子进行检查,防止工人在吊装作业进行工属具拴套时对钢构件外观造成污染
2	工艺控制	对钢构件按工艺规定,分类型进行稳妥包装,包装方式有裸装、支承连接包装、捆装、箱装等
3	运输车装载前控制	装载前对运输车的挂车进行清扫、洗车处理,保证装载清洁,确保钢构件装入挂车时不被污染。对挂车原有的加固焊接点进行焊割处理,保证挂车底表面平整,确保钢构件的外观质量。另在进入市区之前,将根据道路管理要求,对车辆进行二次清洗或其他一些保证措施
4	货物隔垫控制	挂车车底铺垫方木,车壁垫垫草垫若干,使钢构件与车底和车壁不发生摩擦;在钢构件之间衬垫不小于 63mm 的方木,使钢构件在运输过程不发生摩擦,确保钢构件油漆涂装表面质量和外观质量

3. 次杆件堆放 2 层为宜，上下层之间用木枋支垫在同一方向。

4. 钢构件堆放时需设置防潮措施，如堆放时加设垫木，雨天时用雨布进行遮盖。

5. 钢构件堆放时应尽量避免二次倒运。

问题 66：钢筋桁架楼承板进场验收应如何检查？

实施建议：

1. 检查成叠包装捆扎的钢筋楼承板上的标识，标识上应有供货方名称或厂标、工程名称、钢筋桁架楼承板标记、长度、制造日期、施工区域、张数和捆号。

2. 检查每批钢筋桁架楼承板质量证明书，主要包括：采用标准编号、供货方名称、需方名称（或工程名称）、合同号、批号、钢筋桁架楼层板的标记、制作日期、检验合格内容确认书、检验员签名或盖章。

3. 钢筋桁架焊接点的外观质量应符合下列要求：焊点处熔化金属应均匀、焊点不应脱落、漏掉、焊点应无裂纹，多孔性缺陷及明显烧伤现象。

4. 钢筋桁架与底板的焊接外观质量应符合表2.3.1.2的要求。

钢筋桁架与底板焊接质量要求　　　　　　表2.3.1.2

项　　目	指　　标
焊点脱落、漏焊总数	每组批不应超过焊点的2%
相邻四焊点脱落或漏焊	≤1个
焊点烧穿总数	每组批不应超过焊点的20%

5. 钢筋桁架楼承板结构尺寸允许偏差应符合表2.3.1.3的要求。

问题67：钢筋桁架楼承板现场堆放应注意哪些事项？

实施建议：

钢筋桁架楼承板进入现场后宜直接吊装到安装楼层。

钢筋桁架楼承板结构尺寸允许偏差　　　　　表2.3.1.3

项目		允许偏差（mm）
楼承板长度	≤5m时	0，+6.0
	>5m时	0，+10.0
楼承板宽度		±4.0
钢筋桁架节间距离		±3.0
钢筋桁架间距		±10.0
混凝土保护层厚度		±2.0
搭接边宽度尺寸		±2.0
搭接边高度尺寸		±1.0
钢筋桁架高度		±3.0

1. 应按照钢桁架楼承板布置图及包装标识堆放。

2. 成捆钢筋桁架楼承板触地处要加垫木，保证模板不扭曲变形，叠放高度不得超过三捆。堆放场地应夯实平整，不得有积水。

3. 在现场露天存放时，应略微倾斜放置（角度不宜超过10°），避免钢筋桁架楼承板产生冰冻或积水。

问题68：钢筋桁架楼承板吊装应注意哪些事项？

实施建议：

1. 起吊过程中，下方不能有行人通过，防止吊物落地对人体造成伤害。

2. 吊运时应轻起轻放，不得碰撞，防止钢筋桁架楼承板变形。

3. 吊装均采用角钢或槽钢制作的专用吊架配合软吊带来吊装，不得使用钢索直接兜吊,避免板边在吊运过程中受到钢索挤压变形,影响施工。

4. 软吊带必须配套,多次使用后应及时进行全面检查,有损坏则需要报废换新,若无专用吊架时,钢筋桁架楼承板下面应设枕木。

2.3.2 钢结构主体施工中的问题及对策

问题69: 钢结构构件吊装施工常见问题有哪些? 有哪些解决措施?

实施建议:

钢结构构件吊装施工中常见问题有:吊点设置错误、构件分段重量超过起重设备的吊重、吊装过程中碰撞变形、结构垂直度偏差等。

常用解决措施一般包括:施工组织策划阶段,合理进行构件分段、吊点设置,必要时进行验算;吊装施工时应有清晰视野,地面及安装层均配备信号工指挥吊装;每节钢柱安装完成后,及时进行竖向结构校正,满足规范要求后再进行钢梁等水平构件安装。

详细控制措施及注意事项见下表2.3.2.1所示。

问题70: 钢结构构件安装偏差有哪些控制措施?

实施建议:

钢结构住宅的钢构件安装应提高精度控制。

钢结构吊装施工详细控制措施   表 2.3.2.1

(1)	钢柱吊装前,需清除钢柱表面渣土和浮锈,同时将钢柱上端操作平台和工作爬梯一并安装在钢柱上,临时连接板挂设在上节钢柱临时连接耳板上
(2)	爬梯一般采用圆钢或角钢制作,禁止使用螺纹钢制作
(3)	钢柱由水平状态起吊至竖直状态时,需在柱侧底部拴好拉绳并加设垫木,防止钢柱起吊时柱脚拖地损伤构件
(4)	钢柱吊装至安装位置上空时,缓慢下降与下节柱头对接,调整被吊柱与下段柱的中心线重合,使用连接板将吊装钢柱与下段柱形成临时固定,并初步调节垂直度
(5)	通过全站仪、千斤顶、倒链等工具完成钢柱的最终校正,柱的校正内容包括平面定位、标高及垂直度。校正完毕后可焊接临时码板对钢柱进行固定等待焊接
(6)	吊装前应清理钢梁表面污物,对产生浮锈的连接板和摩擦面在吊装前进行除锈
(7)	待吊装的钢梁应装配好附带的连接板,并用工具包装好螺栓
(8)	钢梁吊装就位时要注意钢梁的上下方向以及水平方向,确保安装正确
(9)	钢梁安装就位时,及时夹好连接板,对孔洞有偏差的接头应用冲钉配合调整,然后再用普通螺栓临时连接。普通安装螺栓数量按规范要求不得少于该节点螺栓总数的30%,且不得少于两个
(10)	在一个独立单元柱与框架梁安装完成后,进行次梁安装时可根据次梁的重量和塔吊起重能力,实行两梁一吊或上中下三梁一吊,上下梁之间保持1m以上的距离

• 75 •

建筑施工误差是规范允许的，所以在建筑设计时，应预留一定的偏差调节余地，尤其在楼梯间和电梯间部位。

钢结构住宅的构件吊装施工中，应把精度控制在规范允许范围内，主要注意如下几点：

1. 各基准控制点、轴线、标高等都要进行两次以上的精测，以误差最小为准。验线工作与放线工作要做到人员、仪器和测量方法三分开，要独立进行，验线的精度要高于放线的精度，复测验线的工作是测量施工的关键环节。从误差理论分析可知欲提高钢结构施工测量精度，应从确保控制网点位精度和采取合理施工放样方法两方面努力。选择与钢结构施工要求相适应的施工控制网等级。结合误差分析理论和类似工程的施工经验，平面控制网按照一级导线精度要求布设，高程控制网按照三等准精度要求布设，能够确保控制网点位精度要求。在施测过程中为保证测量精度，还应做到测量使用中的仪器要不间断的自检整平；测量数据分早晚复测减小误差；太阳光过强或气温过高还应使用太阳伞遮挡减小对仪器精度的影响。

2. 配置相应精度等级的施工测量仪器，提高测量放线精度。采用如拓普康GTS-211D全站仪及同等精度的仪器，进行施工现场测量放线，该仪器测角标称精度为：$\pm 2''$，测距标称精度：$\pm(2mm+2PPm)$。

3. 采用NASEWV3.0测量平差软件，对导线网可以计算指定路线（条数不限）的各项闭合差及限差，并根据检查验收标准评定统计观测质量、平差及精度评定等。平差结果按测量生产惯用格式生成磁盘文件，便于保存、打印输出，并将计算成果生成直接回送数据库数据文件。输出结果编排清晰明了、方便实用。测量内业计算引进测量平差软件，能够解决以往手工计算耗时久、效率低下、容易出错等弊病，确保测量成果的高质量。

为保证钢结构测量施工质量，对影响测量的因素逐一分析，并制定相应控制措施，具体如下表2.3.2.2所示。

钢结构安装误差消除措施　　　　　　表2.3.2.2

序号	钢结构安装误差消除措施	
1	误差来源及危害分析	在正常情况下钢结构安装误差来源于构件在吊装过程中因自重产生的变形、因日照温差造成的缩胀变形、因焊接产生的收缩变形。结构由局部至整体形成的安装过程中，若不采取相应措施，对累积误差加以减小、消除，将会给结构带来严重的质量隐患
2	安装过程中，构件应采取合理保护措施	由于在安装过程中，细长、超重构件较多。构件因抵抗变形的刚度较弱，会在自身重力的影响下，发生不同程度的变形。为此，构件在运输、倒运、安装过程中，应采取合理保护措施，如布设合理吊点，局部采取加强抵抗变形措施等，来减小自重变形，防止给安装带来不便

序号	钢结构安装误差消除措施	
3	钢结构安装误差消除	在构件测控时,节点定位实施反变形;钢构件在安装过程中,因日照温差、焊接会使细长杆件在长度方向有显著伸缩变形。从而影响结构的安装精度。因此,在上一安装单元安装结束后,通过观测其变形规律,结合具体变形条件,总结其变形量和变形方向,在下一构件定位测控时,对其定位轴线实施反向预偏,即点定位实施反变形,以消除安装误差的累积
4	严格按程序进行验收	(1)施工过程中严格执行"三检"和中间交接检查制度; (2)对于重点部位、关键节点,由项目技术总工主持负责相关部位的复验校核; (3)针对屋面门式桁架和楼层桁架施工测量,运用 QC 质量管理手段进行重点监控,确保施工质量水平

问题 71：钢结构住宅施工中，如何解决安全防护的问题？

实施建议：

钢结构施工中的安全措施可参照图集《钢结构施工安全防护》17G911 的要求。

高空作业安全防护问题：现场钢结构主体 3 至 4 层为一节进行吊装，施工人员在主钢梁上行走时，需在钢柱之间拉设安全绳，钢柱上布置钢爬梯方便操作人员上下。高空作业多，安全隐患多。

高空安全防护可考虑采用钢结构外挑走道，其包括外挑钢梁、走道板、围栏三部分，外挑钢梁通过夹板及螺栓固定在主体结构钢梁上，走道板安放在外挑钢梁上，走道板和走道板之间通过固定卡槽和螺栓连接，围栏安放在走道板外侧。经项目实施验证，该体系的应用可在一定程度上降低高空作业的危险性。图 2.3.2.1 给出了钢结构安全防护措施示例。

图 2.3.2.1　钢结构安全防护措施

问题 72：如何控制带隔板方钢管混凝土柱混凝土的浇筑质量？

实施建议：

钢管混凝土柱混凝土浇筑存在几个较为明显的问题，一是粗骨料下沉导致的混凝土密实度不佳，二是钢柱内浇混凝土效率低，三是浇筑过程中钢管侧壁容易向外鼓曲。

钢管混凝土柱混凝土浇筑的高度一般控制在 3～6m，在实施过程中，建议采用可伸缩式溜槽，采用边浇边提的方式进行高抛自密实混凝土的浇筑。

问题 73： 如何提高小截面钢管混凝土柱的灌注密实度？

实施建议：

对于截面宽度小于 300mm 的小截面柱，建议设计时采用无横隔板梁柱刚接连接节点。柱内宜采用小粒径粗骨料自密实混凝土，设置足够的透气孔。施工前检查钢管柱内部是否有垃圾，由专业的泥工实施灌注施工。对分段处有端隔板的钢柱，在灌注时不能过满，应留空 0.5～1m 高度。否则，下节柱内灌时，易形成空腔。

灌注后应有检查措施，发现空洞应采取整改措施。

采用自密实混凝土，施工中应注意：

1. 对已安装好的钢管柱柱头立即加盖保护盖板，以防雨水、油、异物落入。并进行中间环节验收，确保钢管柱在浇筑前干净，无积水。检查混凝土浇筑设备完好，防止在浇筑过程中出现故障。

2. 自密实混凝土在入模前，应对拌合物的工作性进行检验，主要检测坍落扩展度、扩展时间 T50，不得发生外沿泌浆和中心骨料堆积现象。

3. 自密实混凝土现场取样制作试块，试块不做任何振捣。表面抹光，终凝后压光。

4. 控制入模温度在 10～30℃范围，钢管柱局部温度不超过 40℃。

5. 浇筑过程中，注意控制投料速度，以及混凝土浇筑连续性。

6. 混凝土浇筑完毕后，混凝土表面会有气泡排出，并在混凝土表面泛起浮浆，在混凝土初凝前将浮浆舀出，并在混凝土终凝前，将混凝土表面剔毛，至外露石子为止。

问题 74： 如何检测钢管混凝土柱内混凝土的浇筑密实性？

实施建议：

目前敲击检查是比较有效的手段。有条件的企业，可以采用超声波及其他手段辅助检测。建议在正式施工前，可先进行试验柱施工，预先验证材料配比及施工工艺的可行性。

问题 75： 自密实混凝土采购应注意的问题？

实施建议：

由于钢结构住宅项目每层钢柱数量少、截面小，需要灌注的自密实混凝土体量不多，商品混凝土供应方的生产意愿不足且质量难以保证。需与供应方积极沟通协调，人员驻场监造等。

2.3.3 楼承板安装中的问题及对策

问题 76：如何铺设钢筋桁架楼承板？

实施建议：

1. 施工顺序：每层钢筋桁架模板的铺设宜从起始位置向一个方向铺设，随主体结构安装施工顺序铺设相应各层的钢筋桁架模板。

2. 铺设前，应按图纸所示的起始位置放设铺设时的基准线。对准基准线，安装第一块板，将其支座竖筋与钢梁点焊固定。再依次安装其他板，在铺设过程中每铺设一跨板要按图标注尺寸校对，若有偏差随即调整。

3. 楼承板连接采用扣合方式，板与板之间的连接应紧密，保证浇筑混凝土时不漏浆，同时注意排板方向要一致，桁架节点间距为 200mm，注意不同模板的横向节点要对齐。

4. 平面形状变化处（钢柱角部、核心筒转角处、梁面衬垫连接板等），可将钢筋桁架模板两端切割，切割前应对要切割的尺寸进行放线并检查复核。可采用机械或氧气切割，切割时尽量选择桁架接点的部位，但必须满足设计搭接的要求，切割后的钢筋桁架模板端部仍需按照原来的要求焊接水平支座钢筋和竖向支座钢筋，若在节点中部切断，腹杆钢筋也需焊接在竖向钢筋上，就位后方可进行。

5. 跨间收尾处若板宽不足 576mm（600mm），可将钢筋桁架楼承板沿钢筋桁架长度方向切割，切割后板上应有一榀或二榀钢筋桁架，不得将钢筋桁架切断。

6. 钢筋桁架平行于钢梁端部处，底模在钢梁上的搭接不小于 30mm，沿长度方向将镀锌钢板与钢梁点焊，焊接采用手工电弧焊，间距不宜大于 300mm。

7. 钢筋桁架垂直于钢梁端部处，模板端部的竖向钢筋在钢梁上的搭接长度（指钢梁的上翼缘边缘与端部竖向支座钢筋的距离）应≥5d（d 为下部受力钢筋直径），且不能小于 50mm，并应保证镀锌底模能搭接到钢梁之上。搭接到钢梁上的竖向钢筋及底模应与钢梁点焊牢固。

8. 边模板安装时应拉线校直，调节适当后利用钢筋一端与栓钉点焊，一端与边模板点焊，将边模固定，边模板底部与钢梁的上翼缘点焊间距 300mm。

9. 待铺设一定面积后，必须按设计要求设置楼板支座连接筋、加强筋及负筋等。连接筋等应与钢筋桁架绑扎连接。并及时绑扎分布钢筋，以防止钢筋桁架侧向失稳。

10. 若设计在楼板上要开洞口，施工应预留。应按设计要求设洞口边加强筋，四周设边模板，待楼板混凝土达到设计强度后，方可切断钢筋桁架模板的钢筋及底模。切割时宜从下往上切割，防止底模边缘与浇注好的混凝土脱离，切割可采用机械切割或氧割进行。

11. 钢筋桁架楼承板安装好以后，禁止切断钢筋桁架上的任何钢筋，若确需将钢筋桁架裁断，应采用相同型号的钢筋将钢筋桁架重新绑扎连接，并满足设计要求的搭接长度。

12. 钢筋桁架楼承板铺设好后，应做好成品保护，避免人为的损坏，禁止堆放杂物。

问题 77：如何浇筑钢筋桁架楼承板混凝土？

实施建议：

应按照施工设计图纸的要求合理地设置临时支撑措施，临时支撑一般选择带状水平支撑方式，支撑板与接触面宽度不应小于 100mm。在混凝土浇筑施工作业过程中，应随时将混凝土铲平，严禁将混凝土堆积过高，高度不得超过 300mm 和两倍楼板厚度中的较小值。严禁在跨中倾倒混凝土，倾倒时应正对钢梁或者是临时支撑位置，以免对钢筋桁架楼承板造成正面冲击，泵送混凝土管道支架必须设置在钢结构的钢梁之上。振捣采用平板振捣器，施工缝处振捣时避免已初凝的混凝土被振裂。

问题 78：钢筋桁架楼承板底板可否不拆除？

实施建议：

钢筋桁架楼承板底板可以不拆除，但要通过吊顶等方式处理。但是，厨房卫生间等涉水房间必须要拆除。

问题 79：钢梁与楼承板形成组合梁，施工要不要临时支撑？

实施建议：

组合梁的施工临时支撑，施工单位应与设计单位提前沟通确定是否需要。图 2.3.3.1 给出了钢梁临时支撑设置示例。

图 2.3.3.1　钢梁临时支撑设置

2.3.4　装配式墙板安装中的问题及对策

问题 80：墙板施工可选用哪些专业设备？

实施建议：

墙板施工可以现场由人工施工，也可以选用自动化设备施工。目前条板施工可应用如图2.3.4.1所示的几种机械，增加施工的机械化程度，提升施工效率。

简易辅助设备　　　　　　　　　　　　　立板机

图2.3.4.1　墙板安装简易设备

问题81： 墙板进场验收需要关注哪些点？

实施建议：

墙板进场验收项参照《建筑墙板用轻质条板》JG/T 169相关规定。进场时，厂家应提供墙板以及粘结剂、嵌缝带等辅材的质量检测报告及合格证。施工单位应根据项目规模，划分检验批次，对各批次随机抽样复检，并确认墙板规格及强度是否满足设计要求，条板在工厂的存放时间不得少于28d。墙板外观质量重点控制项：板面应无外露筋纤，不存在飞边毛刺，板面无泛霜，板三向（横向、纵向、厚度方向）均不存在贯通裂缝，复合板面层无脱落；面层裂缝、蜂窝气孔、缺棱掉角应在规范允许范围内。墙板尺寸误差应在标准限定范围内。为减少墙面开裂现象，施工单位还应重点复查墙板含水率限值是否满足要求，对于不满足标准要求的板材应严格禁止使用。由于各类板材的产品标准不尽相同，验收标准及内容可根据相应的标准调整。

问题82： 墙板安装的拼缝工艺要点有哪些？

实施建议：

墙板拼缝需要用专用粘结剂和嵌缝带处理。拼缝内粘结剂应均匀、饱满，确保密实，拼缝上下宽度一致。墙板安装7d后，方可在拼缝处粘贴嵌缝带。嵌缝带不得出现毛刺露网，阴角处嵌缝带宽度不应小于200mm。墙板安装长度大于4m，建议在板缝外侧粘贴第二道宽骑缝嵌缝带或在墙面腻子层中满铺网格布；拼缝处理完成后及移交精装施工前，检查上述板缝，若有裂缝出现，需要进行修补。

预制隔墙板与楼面连接节点：墙板安装检验合格 24h 内，用专用砂浆将底部填实；底部填实完成 7d 后，撤出木楔并用相同材料填实木楔孔。值得注意的是，应严格控制填缝材料及木楔撤出时间，过早撤出木楔会导致墙板拼缝开裂。

问题 83：墙板安装的安全施工措施有哪些?

实施建议：

墙板施工立板不得从地面竖起，应从墙板扶手小车上开始，防止墙板没有立起而压到手脚。如必须从地面立板，应先在板下部垫好砖块或木方。树立好墙板后要保证小车在墙板的起立侧。人工安装施工应保证有三人一组，一人在撬动墙板时，两侧均应有人辅助，防止墙板倾倒伤人。

电梯井道、外墙、与楼梯间临空区空间较高，虽然施工总包单位会预先设置了安全平网与钢丝绳（生命线），但此类安全设施在墙板安装时不能满足墙板坠落的冲击荷载。为保证施工安全，建议在临空区域增加一道钢丝绳，作为墙板专用安全绳，在墙板安装时，每块墙板均采用专用安全绳与钢丝绳连接，在墙板安装到位后再与钢丝绳断开，以免在安装时墙板产生坠落。条件允许时也可设置外脚手架。

问题 84：外墙采用 ALC 板裂缝现象比较多怎么处理?

实施建议：

通常采用的耐碱玻璃纤维网布改为热镀锌电焊网作抗裂增强处理。

2.3.5 钢结构的防水、防火施工的问题及对策

问题 85：钢结构梁、柱与围护墙板接缝处理措施有哪些?

实施建议：

钢结构梁柱与围护墙体材料接缝处理的方式，目前有刚性连接做法和柔性连接做法两种处理方案。至于哪种更好，业内仍有争议，需要更多的工程项目实践来检验。

刚性连接做法：

在钢结构填充页岩砖、水泥砖等填充墙体材料时，有些工程项目采用和混凝土结构同样的处理方式。砌体与钢结构顶紧砌筑，缝隙处砌筑砂浆填塞密实。

柔性连接做法：

建议处理方式主要有两种，一种是"连"，如图 2.3.5.1 所示，增强梁柱与墙材的连接性，常用做法为防火涂料施工前将钢丝网预留 200mm 突出钢柱边缘，墙体安装及拉毛处理完成后，将预留的钢丝网片固定在墙体上，再进行墙面的粉刷工作，厚涂型的防火涂料上也可以进行抹灰，其也不会发生脱落、开裂现象，为了有更好的平整度，同时在阴阳角可辅以阴阳条的形式进行接缝补强；

第二种做法为"遮"，如图 2.3.5.2 所示，采用板底梁侧滚砖、ALC 遮挡等

图 2.3.5.1　墙板"连"的做法

形式将梁柱与墙体之间的接缝进行物理遮挡，此做法即便由于后期构件变形导致接缝开裂，也不会导致外观开裂及渗水等情况的发生，因此在设计允许的情况下，建议以遮为主、以连为辅。

图 2.3.5.2　墙板"遮"的做法

问题 86：钢结构涉水房间的防水施工需要注意哪些问题？

实施建议：

在厨房、卫生间、阳台等有防水要求的位置钢结构竖向构件与楼板形成一道冷缝，易渗水。墙面瓷砖粘贴因材料物理性能不一致，易脱落。

建议采用如下措施：在有钢结构竖向构件的位置增加钢板网。在有防水要求的下角四周增加 200mm 高挡水槛，使挡水槛和楼地面进行有效的连接，在挡水槛上部满铺钢板网，进行分层水泥砂浆粉刷。翻边与钢结构交接处，建议焊止水钢板。如图 2.3.5.3 所示。高差部位推荐采用降钢梁标高实现。

问题 87：钢结构的防火涂料施工注意事项有哪些？

实施建议：

材料选择应满足相关性能要求，尤其是防火性能和黏结性能，有条件的可进

图 2.3.5.3　钢结构的止水钢板

行材料配比试验。施工前应涂刷黏结性能合格的界面剂，对截面尺寸较大的钢柱和钢板墙等大板表面应粘钉挂网，再按要求分层喷涂防火涂料。卫生间等涉水房间应做好防水。

防火涂料施工应注意以下几点：

1. 购买合格的防火涂料；
2. 钢结构表面清理要足够彻底，保证涂料和基底之间良好的附着力；
3. 避免钢结构表面保温材料发热空鼓带来的防火涂料空鼓；
4. 底、面涂料应配套；
5. 严格按照厂家提供的施工工艺施工；
6. 结合现场条件制定合理施工方案；
7. 合理养护，避免大风吹拂、阳光曝晒等，防止防火涂料涂膜快速干燥，出现龟裂现象。

2.3.6　机电设备安装中的问题及对策

问题 88： 钢结构住宅中机电设备的管线穿梁处理工艺是怎么做的？

实施建议：

通过优化并确认线管竖向和水平的布设方式和路径，根据管线路径结果定位钢梁开孔位置。钢梁上相关的开孔位置需在深化图中提前进行定位明确，所有钢梁开孔必须在工厂加工制作。钢梁洞口需进行节点补强，如腹板开洞时，可采用加设钢套管或环板补强的方式进行补强；翼缘开洞时，可采用翼缘环板补强，并在开洞位置处加设竖向加劲板的方式。严禁现场在钢梁上开设洞口。钢梁开孔示意如图 2.3.6.1 所示。

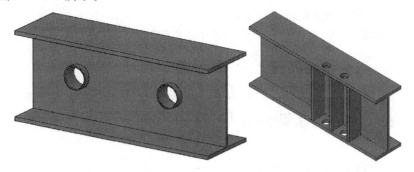

钢梁腹板开孔节点示意　　　　钢梁翼缘开孔节点示意

图 2.3.6.1　钢梁腹板翼缘开孔示意

问题 89：钢梁过焊孔如何处理?

实施建议：

钢梁的过焊孔应采取有效的封堵措施,如图 2.3.6.2 所示。

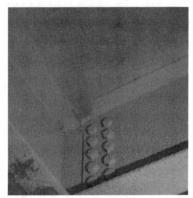

图 2.3.6.2　钢梁过焊孔的有效封堵

2.3.7　装饰装修施工中的问题及对策

问题 90：钢结构住宅中,精装修施工的注意事项有哪些?

实施建议：

钢结构住宅的精装修施工应注意以下几点:

1. 精装修的施工应提前与设计沟通,做好技术交底和各种突发状况的预案;

2. 对已完工钢结构主体,做好成品保护工作。避免破坏钢结构的防火防腐涂层,在主体结构的各类节点处,比如墙体与钢结构的拼缝防水节点等,需要注意做好保护,以免装修过程中破坏;

3. 精装修各工序所需的钉挂，需要注意钢结构与传统混凝土建筑的不同，严格按装修图纸中的定位和连接方式施工，随意钉挂可能无法达到预期的效果，且会对钢结构防腐防火层造成破坏；

4. 有些项目中，墙板的抗裂措施是在精装修环节完成的，施工时不能遗漏；

5. 设计需要在墙面上开槽预埋管线时，需要做好开槽封堵与墙面的隔声处理。

2.4 建筑材料的采购问题与建议及对策

2.4.1 钢结构材料的选用问题及对策

问题 91：如何选择合格的钢结构供货方？

实施建议：

钢结构住宅工期要求较高，钢结构供货方应按施工要求的构件种类和日期发货，保持一定的备货。需考虑钢结构供货方的综合实力，重点关注其生产能力（包含外协能力）、加工质量、堆场面积等方面。

问题 92：冷弯成型高频焊接钢管的采购，需要注意哪些问题？

实施建议：

高层建筑中需要用Ⅰ级品，需要控制倒角的尺寸。常用高频焊接钢管截面尺寸较少，且单个截面尺寸的构件不足 30t 时无法采购。因此，设计时可选用常见截面尺寸，对相似截面尺寸进行合并。

问题 93：高频焊接 H 型钢采购有哪些问题？

实施建议：

常用高频焊接 H 型钢截面尺寸较少，且单个截面尺寸的构件不足 30t 时无法采购。因此，设计时可选用常见高频焊接 H 型钢截面尺寸，对相似截面尺寸进行合并。

问题 94：如何选择合格的装配式钢筋桁架楼承板供货方？

实施建议：

目前市场上装配式钢筋桁架楼承板应用较少。已有一些厂商具有装配式钢筋桁架楼承板产品，但受业务限制，普遍生产线不足，产能较低。应根据生产线和产业工人数量综合分析厂家产能，结合其订单情况判断供货能力，宜签署供货保证书等措施。对需求产能较高的大体量项目，可分单体择优选择多家供货方。

2.4.2 围护墙体材料的选用问题及对策

问题 95：内墙板的采购，需要注意哪些问题？

实施建议：

需要满足用户对墙体的使用需求，如吊挂重物、隔声、隔热、防水等需求，尤其是卫生间、厨房、阳台等部位的墙体，建议单独选用防水、强度较高、可打入膨胀螺丝的墙材。详细要求如下：

1. 住宅内墙板的选用首先应该满足隔声要求，分室墙不小于 35db 空气声隔声量要求，分户墙不小于 45db 空气声隔声量要求；

2. 在满足隔声要求的前提下应充分考虑建筑层高和板材最大长度的问题；例如：卫生间和户内墙则应选用 120mm 厚的板材（最大长度 4.5m），而不是 100mm 的板材（最大长度 4 m）；

3. 其次是干容重适度，立方体抗压强度≥3.50MPa，墙板满足抗弯、抗裂、变形、和节点的强度要求；

4. 模数合理，方便安装。

问题 96：装配式外墙板应该怎么选择？与主体结构的连接应该采用什么节点构造？

实施建议：

目前我国用于低层钢结构住宅的墙板主要有压型钢板复合板、石膏板、欧松板等，用于多高层钢结构住宅的墙板主要有蒸压加气混凝土板、纤维增强水泥板、工厂预制复合保温外墙板、金属复合板等。而当前技术最成熟、应用最广泛的仍是蒸压加气混凝土板（ALC 板）。

ALC 墙板的安装方式可分为外挂式和内嵌式安装，墙板与框架的连接方式按其连接刚度可分为刚性连接和柔性连接。

ALC 墙板体系分为外挂墙板体系和内嵌墙板体系，对外挂墙板体系而言，作为外墙时可以有效地节省结构内部空间，同时在地震作用下并不参与结构受力；而内嵌 ALC 墙板主要作为结构内墙，当作为外墙时占用结构内部空间，且在地震作用下容易因为结构的层位移而导致墙体受到挤压而破坏。

ALC 墙板板与钢框架外挂连接构造主要有钩头螺栓和摇摆件两种。钩头螺栓连接方式，用专用钻机在条板上、下两端开洞，再用钩头螺栓穿过洞与钢梁焊接，这种连接方式需专用钻机，施工速度较快，且安装完成后的墙板外立面装修简便、美观，目前运用最广泛。摇摆件连接方式，这种连接方式现场施工有一定难度，施工速度较慢，但这种节点具有优越的耗能能力，已应用于美国和日本等地震频发地区。

内嵌式 ALC 板底部与地梁（或楼板）连接，顶部与钢梁连接，多用于内墙安装，若用于外墙，主体结构不被 ALC 板包裹，需对钢结构热桥做隔热处理，适用于建筑外立面另做装饰层的情况。

墙板与钢框架内嵌连接构造主要有：

（1）U形钢卡，在墙板接缝处的上、下两端将U形钢卡用射钉或焊接到钢框架梁上，用U形钢卡来固定墙板位置，这种连接方式现场施工速度快、连接可靠，目前运用最广泛；

（2）管板，这种连接方式现场施工有一定难度，且施工速度慢，安装完成后的墙板无外露的连接件，装修方便，如图2.4.2.1（a）所示；

（3）双角钢，在墙板接缝处的上、下两端将双角钢焊接到钢框架梁上，其连接性能与U形钢卡类似，这种方式比U形钢卡连接方式施工更简便，速度更快，但连接件数量较多，其墙板安装完成后的立面效果与U形钢卡连接的立面效果相同，如图2.4.2.1（b）所示。

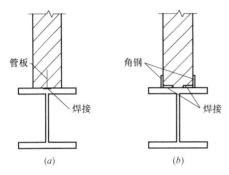

图 2.4.2.1　墙板节点连接构造

（a）管板；（b）双角钢

问题 97：保温装饰一体板怎么在钢结构住宅工程中应用？

实施建议：

材料应有可靠的实验报告和检测标准，在项目中可以通过论证的方式，当建筑高度较高时，需考虑保温装饰一体板的适用性问题。

问题 98：外墙外保温系统应选用哪些材料能兼顾防火与保温？有哪些技术成熟的体系可供选用？

实施建议：

岩棉是目前应用最为广泛的兼顾防火与保温的材料，有岩棉板、岩棉带、竖丝岩棉板等多种形式。技术较为成熟的体系有幕墙内填充岩棉体系、轻钢龙骨纤维水泥平板填充岩棉体系和岩棉薄抹灰体系等。

2.4.3　钢结构防护材料的选用问题及对策

问题 99：钢结构住宅中的构件，需要面漆吗？

实施建议：

需要满足设计要求，一般需要底漆和中间漆，当钢构件表面有防火涂料时，可以不需要面漆。

问题 100：钢结构住宅中，如何解决防火涂料用在室内强度过低的问题？

实施建议：

常用于公共建筑中的钢结构防火做法，在钢结构住宅中应用，目前仍然存在一定的缺陷。钢结构住宅需要考虑防火装饰一体化的技术与材料，目前已有一些研究与应用，介绍如下：

1）防火保护层不可过厚，用于保护钢柱时不宜超过 35mm；保护钢梁时，与墙同厚即可；

2）在保证质量的前提下，施工工序尽量简单，尽可能减少人工成本；

3）尽量不产生空鼓声，符合目前住户的习惯；

4）在满足防火及装饰需求的前提下，成本尽量可控。

新技术在防火装饰一体化中的应用做法，钢梁的防火保护构造如图 2.4.3.1 所示，腹板和翼缘之间的空腔使用加气混凝土砌块抹涂专用砌筑砂浆后填实。钢梁下有填充墙时，砌块外表面与填充墙统一采用石膏基防火浆料进行抹灰找平。钢梁下无填充墙时，钢梁下翼缘包裹 C 型热镀锌钢丝网，钢丝网用骑马钉固定在砌块外侧。砌块外侧及钢梁下翼缘统一采用石膏基防火浆料抹灰找平。

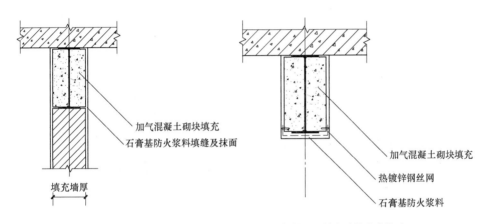

钢梁下有填充墙的防火构造　钢梁下无填充墙的防火构造

图 2.4.3.1　钢梁石膏浆料的防火构造做法

用于钢管混凝土柱的防火保护时，应力比在 0.7 及以下的钢管混凝土柱使用 35mm 厚度的石膏基防火浆料可以满足 3 小时耐火极限。对个别应力比达到 0.8 或 0.9 的钢管混凝土柱，其保护层厚度应根据火灾荷载比另行计算。

问题 101：除了常规的厚型非膨胀防火涂料外，还有哪些防火材料可以用于钢结构住宅？

实施建议：

将钢结构防火领域常用及具备应用潜力的材料的选用建议总结如下表 2.4.3.1 所示。

每种材料都有优点和不足之处，需要综合考虑使用部位、施工便利性、材料价格、构造方法、市场认可度等因素进行选择。

钢结构防火材料选用建议表 表 2.4.3.1

类别	材料名称	容重 (kg/m³)	导热系数 W/(m·K)	优点	缺点
传统湿作业施工	厚型钢结构防火涂料（非膨胀）	≤650	≤0.1160	性能可靠、施工方便、适用范围广、造价低	涂层厚、自重大、表面粗糙、装饰性差
	环氧膨胀型防火涂料	/	/	附着力强、耐久性好、综合性能优异	成本较高
	薄型、超薄型防火涂料	/	/	装饰性好，表面平整	耐久性存在争议
	轻质底层抹灰石膏	≤1000	≤0.20	可机喷、施工方便、整体性好	原材料质量控制要求较高
	无机保温砂浆（Ⅱ型）	≤450	≤0.085	价格低廉、施工简便、强度高、防火阻燃性能好	粘结强度低，产品品质不稳定，施工质量难以控制
装配式板材	蒸压加气混凝土板（B06）	≤625	≤0.16	防火性能可靠，取材容易，与水泥砂浆相容性好	本身存在一定干缩，需做好抗裂措施
	岩棉板	80~200	≤0.040	兼具防火与保温功能，化学稳定性好	强度低、容重大、吸湿性强、吸水后易分层
	发泡水泥板	≤250	≤0.065	取材容易、制作简单、价格低廉，粘结性能好	强度偏低、吸水率高、干缩值大、质脆易碎
	膨胀蛭石防火板	300~1000	0.11~0.14	防火耐高温性能可靠	吸湿性强、韧性较差、容易变形
	硅酸钙防火板	≤270	≤0.065	密度小、强度高、导热系数小、耐高温、耐腐蚀	吸水性强、价格较高
	发泡陶瓷	≤280	≤0.10	轻质高强、吸水率低、耐久性好、施工方便、与水泥砂浆相容性好	价格较高、脆性强，遇火易爆裂
	气凝胶	≤215	≤0.025	导热系数小，高温稳定性好、耐久性好	产能小，成本高，表面不利于抹灰

问题 102：新型防火装饰一体化材料，目前规范并没有合适的验收标准，怎么在工程中应用？

实施建议：

材料应有可靠的实验报告和检测标准，在项目中可以通过论证的方式，可以建议材料供应单位进行相关试验，以便施工单位采用。

2.4.4 装修材料的选用问题及对策

问题 103：轻钢龙骨隔墙在钢结构住宅中的应用范围有哪些？

实施建议：

避免使用在外墙位置，若未采用整体厨卫，则应用在有水房间时需要有可靠的防水措施。

问题 104：

装配式装修的墙面有哪些饰面板材可以选择？

实施建议：装配式装修墙面是指在室内墙体上采用干式工法安装的装饰部品或装饰部件，起到对建筑墙体的保护和装饰作用。隔墙采用轻钢龙骨，填充岩棉，表面是一体化带饰面的涂装板，省去了表面贴壁纸或刷涂料的工序。常用的饰面板材有木塑板（竹木纤维板）、实木加工类饰面板等。

木塑复合类墙壁内装部品的基材是以锯末、木屑、竹屑、麻布纤维等植物纤维为原料，与多种塑料如高密度聚乙烯（HDPE）、聚丙烯（PP）、聚苯乙烯（PS）等复合而成，被称作木塑复合材料，国内有诸多商品名，如生态木、环保木、科技木等。木塑复合材料通过调色、成型，或在基材表面覆压各种木材纹理的装饰层后，就形成了木塑复合墙壁内装部品。木塑复合材料墙壁内装部品可以代替木材进行建筑内墙装饰，可以降低材料使用成本，节约森林资源，同时又具备木材的可加工性。表面采用纹理覆膜处理的木塑复合墙壁内装部品，可以塑造石材、木质、壁纸等多种材质效果和质感，广泛适用于住宅装修和公共建筑装修。

实木加工类墙壁内装部品又称木质饰面板、成品木饰面、木挂板等，是由天然木材为原材料加工而成的墙壁内装部品，因产品构造不同，也分为多种类型。有的由均质的木材制成，这类产品纹路自然，且原木的物理性能优异，但造价较高，往往用于豪华装修。有的由廉价木材作为基材覆以实木贴皮，这类产品的价格和效果较为均衡，既有天然木材的物理性能，又具备华丽的外表。

问题 105：装配式吊顶有哪些吊顶板材料可供选择？

实施建议：

随着装饰行业的快速发展，吊顶装配式系统也出现了许多形式，按材料种类可分为铝板吊顶系统、矿棉板吊顶系统、玻纤板吊顶系统、GRG 吊顶系统、石膏板吊顶系统等。集成化的吊顶安装方式适用于多种室内顶面安装材料（高精石膏板、矿棉板、铝板、PVC、软膜天花等），实现了顶面材料与设备系统的集成设计，具有免除涂刷工序，快速安装，方便后期维修的优点。

2.5 现行标准、规范、法律法规存在的问题

问题 106：超薄钢板剪力墙的制作变形较大，现行规范偏严，不容易满足怎么办？

实施建议：

中天建设集团、中天恒筑钢构研发"薄钢板折边凹形焊接"新型工艺，并委托中国建筑科学研究院进行试验研究，试验结果表明：采用新工艺完成的超薄加劲钢板剪力墙制作变形较小，结构性能满足设计要求。

问题 107：新型防火装饰一体化材料，目前规范并没有合适的验收标准，怎么在工程中应用？

实施建议：

材料应有可靠的实验报告和检测标准，在项目中可以通过论证的方式，具体实施建议材料供应单位进行相关试验，以便施工单位采用。

问题 108：如何考虑新技术应用带来的抗震审查要求问题？专利技术带来的招投标问题？区域产业配套不完善的问题？

实施建议：

以国家行业协会为牵头单位及平台，组织力量进行新技术标准的编制，同时采用试验、性能检测、样板建造、专家论证的结果等作为标准编制条件，而非实际工程。降低新技术、新产品应用门槛及审批程序难度，缩短新成果转化周期。

问题 109：如何应对现行标准尚无适应装配式建筑的构件外形尺寸控制标准的问题？

实施建议：

以协会为平台，整理已建装配式建筑现场外形尺寸需求数据，在此基础上建立装配式钢结构住宅部品外形尺寸控制标准，并形成国家通用标准，以保证部品的标准化、规范化及通用性。

问题 110：住宅主楼上部可采用钢结构或混凝土结构，但地下室通常采用混凝土结构，−1 层设置型钢结构过渡是否必要？

实施建议：

建议设置型钢结构过渡层，可增强上部钢结构嵌固，并减少地下室钢结构腐蚀问题。设置过渡层时，电梯井部位应特殊处理。另外也可在主楼周边相邻跨采用钢梁与地下室框架柱连接。主楼与周边地下室不建议仅通过厚板连接。

问题 111：钢结构住宅中怎么避免规范中的隔撑问题？

实施建议：

建议在梁端塑性铰截面位置采用设置横向加劲肋的形式加强，避免受压翼缘局部失稳；或者可考虑将抗扭能力相对较弱的 H 形截面改为抗扭能力相对较强的箱形截面框架钢梁。

问题 112：如何解决大跨度钢梁挠度与墙板安装缝隙的协调问题？

实施建议：

根据《钢结构设计标准》，钢结构次梁通常的挠跨比限值为 1/250，ALC 墙板与结构之间的预留缝隙一般为 15～20mm。当钢梁跨度较大时，按规范挠跨比限值计算的钢梁挠度可能偏大，对 ALC 板顶产生压力，造成板顶开裂。这个问题如何避免？

当钢梁跨度较大，墙板采用轻质墙板（如 ALC 板材）时，应协调结构专业和墙板专业，平衡钢梁挠度和钢梁与板顶之间的缝宽，在满足板材顶部不致产生受压裂缝的前提下控制钢梁计算挠度及用钢量。

问题 113：如何解决电梯井处支撑填充墙隔声问题？

实施建议：

《住宅设计规范》7.3.5 条要求起居室（厅）不宜紧邻电梯布置，受条件限制起居室（厅）紧邻电梯布置时，必须采取有效的隔声和减振措施。电梯间墙体位置通常布置有钢结构斜撑，钢斜撑位置的隔声效果不易满足规范要求。

当电梯井道墙体内布置有钢结构斜撑而起居室又紧贴电梯井道时，建议将墙厚增加，同时在墙体一侧或两侧增设隔音层（根据隔音标准和计算确定）。如斜撑采用的空心方钢管，则建议在钢管内灌注混凝土；如斜撑采用的 H 型钢，则建议在其腹板内采用砌块填充。当电梯设备噪音很大，上述措施难以满足要求的情况下，建议采用双层墙体设计方案。

问题 114：如何解决钢梁防火板包覆做法规范中没有的问题？

实施建议：

钢结构住宅的钢梁需要防火处理，同时也需要采用装饰板包装，当包装板材采用 ALC 薄板而使防火与装饰统一时，通常是可以满足防火要求的。但因为没有相关规范的支撑，设计人员很难执行这种做法，转而采用钢梁外涂防火涂料＋外包装饰板的传统做法，既增加了施工工序，也增加了造价。建议在相关规范中补充钢梁外包防火板而无需额外做防火涂料的设计条款，从而减少施工工序，达到集成设计。

问题 115：怎么解决我国防火规范对防火要求过严问题？

实施建议：

我国现行的《建筑设计防火规范》中规定：耐火等级为一、二级的建筑物，其柱（支撑多层的柱、支撑单层的柱）、梁、楼板和屋顶承重构件均应采用非燃烧体，承重结构的耐火极限至少为 2.5h。美国规范中要求钢结构住宅结构的耐火极限为 1h，考虑的仅仅是火灾发生后人员安全疏散所需要的时间。按照我国防火规范的要求设计钢结构住宅，必须采取比美国更为严格的防火措施，如增加防火石膏板的层数和厚度、增加自动喷洒灭火系统等，将在一定程度上增加钢结构住宅的成本。按我国防火规范设计，每平方米建造成本增加约50～80 元，防火要求过高导致钢结构住宅提高的成本甚至可能高于需要保护的财产价值。

建议参考国外规范，考虑钢结构住宅的总体成本，对防火设计要求适当降低。

问题 116：如何解决厨房、卫生间等湿区防腐蚀耐久性问题？

实施建议：

根据《混凝土结构设计规范》，一般室内干燥区域的环境类别为一类，但厨房、卫生间等湿区属于二 a 类。但钢结构相关规范目前还没有明确的条文规定对此类环境钢构件的防腐处理措施，钢结构施工图纸一般对干湿区不进行区分，统一按室内干燥区域进行钢构件防腐设计，给住宅钢构件的安全性和耐久性带来隐患。

建议参照混凝土规范，对钢结构住宅建筑的环境类别进行区分，便于钢结构设计单位按照规范要求，对室内环境加以区分来进行防腐涂装设计。

问题 117：钢结构设计如何解决钢结构标准化热轧型材少的问题？

实施建议：

适用于钢结构住宅的标准热轧型材规格少。根据现有钢结构住宅项目统计，钢梁通常采用 400～500mm 高度的 H 型钢，但目前的热轧型钢标准《热轧 H 型钢和剖分 T 型钢》GB/T 11263-2017 在此高度范围内的规格很少，难以满足设计要求，因此大多数项目均采用的是焊接 H 型钢，不仅总价高，而且加工周期长，严重影响施工进度。

从短期来看，建议在设计方案阶段对住宅户型进行标准化设计，柱距尽量统一，从而尽量提高构件通用性，归并和减少梁柱截面规格，缩短构件加工周期，提高现场安装进度。从长远来看，国家应该针对钢结构住宅，编制专用热轧型材规范，钢厂可以按照规范大批量生产，设计院也可以按照规范选取标准型材，从而降低钢结构住宅造价，提高施工效率。

问题 118：如何更好地应用钢板组合剪力墙？

实施建议：

钢板-混凝土组合剪力墙可发挥钢和混凝土的优势，并弥补各自的不足，相比于钢筋混凝土剪力墙，具有一系列优越的力学性能。但要保证钢板-混凝土组合剪力墙中钢板受剪屈曲破坏，保证钢板与混凝土作为整体共同工作，需在钢板上满布抗剪连接件或设置密集加劲肋，使得剪力墙设计、建造和施工复杂，造价增加；同时为了保证钢板的加工、制作和安装精度要求，《钢板剪力墙技术规程》JGJ/T 380—2015 明确规定钢板-混凝土组合剪力墙中单侧钢板的最小厚度不宜小于 10mm，且墙体厚度不宜小于 250mm，限制了钢板-混凝土组合剪力墙在多、高层建筑中的应用。此外，为防止浇筑混凝土过程中钢板出现胀模现象，需在钢板两侧设置大量支撑，增加了施工的复杂性。

为进一步提高钢筋混凝土剪力墙的承载力、延性和耗能能力，拓展钢板-混凝土剪力墙在多、高层住宅的应用范围，克服钢板-混凝土组合剪力墙需设置抗剪连接件的缺点，应对现有钢板-混凝土组合剪力墙的构造形式进行优化，在保证钢与混凝土共同工作，保证钢板受剪作用的同时，降低钢板的厚度，降低用钢量。例如，现有相关学者研究的闭口型压型钢板混凝土组合剪力墙，利用板肋既可以对钢板提供有效支撑，核心混凝土嵌入可有效锚固钢板，且钢板具有较大的平面外刚度，降低了施工难度。

2.6　钢结构住宅运营维护中的问题及对策

2.6.1　用户使用过程中可能的问题及对策

问题 119：如何与业主签订钢结构"物业检查与维护更新计划"，如何明确定期检查时间与部位，并形成检查与维护记录？

实施建议：

物业服务单位应根据建设单位提供的"住宅质量保证书"和"住宅使用说明书"相关要求，与业主签订钢结构住宅"物业检查与维护更新计划"，其中检查时间应根据钢结构设计文件中防腐防火防水等相关说明执行。检查部位可根据钢构件部位和防护情况做适当区分，适当增加卫生间、厨房、外墙、屋面等易损坏部位的抽查数量。所有检查应形成检查与维护记录，并由物业服务单位和业主共同持有。

问题 120：用户如涉及二次改造，建设方该如何配合处理？如提供图纸、风险提示等？

实施建议：

除常规施工图和计算书之外，建设方宜要求设计单位提供荷载平面布置图，供后期使用或二次改造参考。涉及二次改造，必须请具备相应设计资质的设计单位提供加固改造设计文件，并要求严格按图施工。

问题 121：用户二次改造、精装修阶段施工对钢构件防火层破坏怎么处理？

实施建议：

在结构和建筑设计总说明中，宜增加二次结构、精装修阶段施工对钢构件防火层影响的相关内容，并要求对隐蔽工程及时检查验收，对不合格部位应修补完善。对于竖向构件，优先采用包防火板等方式进行防火。

对小业主提供的"住宅使用说明书"中，应着重说明防火层的重要性以及施工特点，对二次改造精装修破坏的地方，要按照图纸和规范重新修复。

2.6.2 长期运营维护中可能的问题及对策

问题 122： 如何使钢结构的防腐防火寿命满足住宅建筑的长期使用需求？

实施建议：

钢结构构件防腐蚀多采用油漆保护，产品厂家一般保证 15～25 年，钢结构住宅设计寿命 50～70 年，这个问题是业界一直关注的主要问题之一。

钢构件的防腐包括主动涂层和被动封闭层两种：主动的涂层即防锈底漆，由一层或二层构成；被动封闭层即防腐面漆或防火涂装层，加上抹灰等，可以起到更加长效的防腐作用。

即使防腐层因为某些原因失效，无保护钢材的腐蚀速度也较慢。大气相对湿度及侵蚀介质（如二氧化硫等）的含量是影响钢材腐蚀的主要因素。根据这些影响因素的程度不同，无保护钢材的年腐蚀速度如下表 2.6.2.1 所示。

无保护钢材的年腐蚀速度（mm/年）　　　　　　表 2.6.2.1

钢种	成都	广州	上海	青岛	鞍山	北京	包头
	相对湿度						
	83%	78%	78%	70%	65%	59%	53%
Q235	0.1375	0.1375	0.071	0.075	0.078	0.0585	0.0335
Q345	0.129	0.125	0.0705	0.070	0.068	0.043	—

另外，在影响涂层质量的因素中，表面处理（除锈）和施工质量是影响最大的，因此，需要对表面处理和施工质量进行严格的控制和把关，以保证防腐涂层的使用寿命。

综上可知，钢结构的防腐设计，按照我国现行标准规范执行，能够满足工程要求。钢材的除锈方法和除锈等级需要在设计文件中明确规定，这是涂装质量得以保证的前提。只要除锈彻底，涂装质量合格，钢结构的耐久性能够达到长效防腐，满足住宅建筑的设计使用年限。

美国 1931 年建成的纽约帝国大厦等一大批高层钢结构工程实例证明，其原理是空气隔绝、不被氧化，只要防锈漆不被破坏，隔绝就有效，再加上外层的防火涂料和装饰材料包裹，住宅适用年限内防腐并不需要中途维修。

在防火材料的选择上，可以选择以无机成分为主的非膨胀型防火涂料或其他无机防火材料，无老化失效；同时采取挂设玻纤网格布等抗裂措施避免防火保护层的开裂脱落。所以钢结构防火也没有老化问题，使用维护得当，能满足住宅建筑的长期使用需求。

问题 123：钢结构住宅的物业管理难点有哪些？

实施建议：

用户的认知教育。用户对钢结构住宅的构造和性能不熟悉，二次装修过程中可能会破坏防火、防腐等部位，需要物业管理方对用户多提醒。

定期进行钢结构的维护，对钢构件防腐防火涂料脱落情况进行调查，对锈蚀部位进行处理，对业主自行改造导致结构损伤难以修补的地方进行事前管理，尽量避免事后修复。

问题 124：如何保证钢结构的耐久性？长期维保措施怎么做？

实施建议：

钢结构防腐应遵循"预防为主、防护结合"的原则，绝不是简单的涂装防护，而是一个完善的防护体系。工程中应避免仅考虑初期投资费用，片面要求经济上的低成本，而忽视了后续使用、围护的费用，直接导致钢结构工程耐久性的降低和工程全寿命周期总成本费用的增加。对永久承重钢结构应采用较严格的除锈标准和长效防护方案。

应由业主、防火防腐施工单位、材料供应商等在工程建造时制定合理的维护计划，投入使用后按照该维护计划进行定期检查，并根据检查结果进行维护。

问题 125：怎么检查钢结构住宅的防腐蚀涂层是否仍有效？

实施建议：

钢结构住宅的防腐蚀涂层检查问题，可以结合钢结构的防腐蚀维护方式来理解：

1. 对于外露钢结构，比如厂房、桥梁、体育场馆火车站等，维护保养要全面检查，因为比较容易检查，维护保养包括检查生锈情况、油漆及超薄防火涂料的剥落情况等，及时除锈并补漆。

2. 对于钢结构外侧有非膨胀厚涂型防火涂料以及外装饰的民用钢结构建筑，钢结构有较好的包覆保护，类似于混凝土结构中的钢筋，只要保护层没有损坏，内部的钢结构油漆由于没有氧气、水分和紫外线损伤，寿命可以达到 $50\sim70$ 年不会老化破坏。所以维修保护的重点主要是检查保护层有没有破损，比如装修层、防火层是否有损坏等。

3. 民用建筑钢结构的维护保养，尤其是住宅建筑，可以在公共区域方便检查的地方来抽检，比如电梯井道、设备用房、公共区域吊顶，以及通过送礼品等方式进入小业主的卫生间厨房等有吊顶房间内做非破坏性检查，检查的主要项目是保护层有没有损坏。如果保护层完好，内部钢结构及防腐防火层都不会有问题。

4. 检查比例和部位，规范没有明确的规定，可以由设计单位指定或维护单位选择有代表性的位置检查。

2.7 钢结构住宅的成本问题

2.7.1 钢结构住宅与传统混凝土住宅的异同点

问题 126：与传统混凝土住宅相比，钢结构住宅的成本组成，有哪些异同点？

实施建议：

如果以对比的方式来讨论钢结构住宅与传统混凝土住宅的成本差别，必须先讲清楚两者之间的材料、节点构造和建造方式有哪些异同点。

住宅建筑的组成部分主要包含结构梁柱墙、楼板、楼梯、填充墙体、门窗、电梯、水电暖设备与装饰装修等部分。与传统混凝土住宅建筑相比，钢结构住宅在某些部分存在明显的不同，而在另一些地方并没有改变，详细介绍如下：

1. 钢结构住宅与混凝土住宅的明确不同之处

1）主体结构的不同。混凝土结构的梁、柱或剪力墙，是由钢筋混凝土材料组成的，施工工艺为绑扎钢筋、支设模板、浇筑混凝土。而钢结构的梁、柱、支撑或钢板墙由钢结构组成，在工厂加工好运输到现场吊装完成的。两者无论是材料组成还是施工工艺都存在明确的不同，成本造价一定有差别。

2）防火材料。钢结构需要防材涂料，混凝土结构不需要，这部分造价不同也是两者的明确差别。

3）填充墙体与钢结构的节点处理。混凝土结构与填充墙之间的连接节点、钢结构与填充墙体之间的连接节点，由于目前技术水平的发展和成熟度，两者的材料选用、构造做法和工艺有差别，这里的成本也是不同的。

2. 钢结构住宅与混凝土住宅的明确相同之处

无论是钢结构住宅，还是传统混凝土住宅，在门窗、电梯、水暖电设备、装饰装修等方面，与结构体系没有关系，两者一定是相同的，不存在成本造价的差别。

3. 两者可相同可不同的地方

1）混凝土楼板。传统混凝土建筑中，混凝土楼板由现场支撑模板、绑扎钢筋、浇筑混凝土完成，工艺成熟价格透明。钢结构住宅中，也可以采用与传统混凝土住宅完全相同的施工工艺，造价也完全相同，一些钢结构住宅项目中也是这么做的。

《装配式建筑评价标准》GB 51129—2017 中要求装配式楼板不能用支撑模板的形式，可以采用钢筋桁架楼承板或装配式钢筋桁架楼承板，楼板形式选用不同，会带来成本的改变。

采用传统混凝土现浇楼板，还是采用钢筋桁架楼承板，在结构最终效果和结构技术方面，没有本质的差别，仅仅是生产工艺的不同。在实际工程项目中，由建设单位根据政策要求、装配率指标计算等，灵活选择采用何种楼板形式。所以，此部分的成本是可控的。

2）填充墙。传统混凝土住宅中，填充墙采用砌块为主，技术成熟造价透明。钢结构住宅的填充墙，也可以采用砌块填充。相同的施工工艺，造价也完全相同，一些钢结构住宅项目中也是这么做的。

《装配式建筑评价标准》GB 51129—2017 中要求内墙和外墙采用非砌筑，要采用装配式墙板，此部分内容改变也会带来成本的增加。

采用砌块还是装配式墙板，在实际工程项目中，由建设单位根据政策要求、装配率指标计算等，灵活选择采用何种墙体形式。所以，此部分的成本也是可控的。

3）楼梯。楼梯在整个工程项目中占比很小，基本不影响装配率的计算，而且不在施工网络的关键节点上，楼梯施工快慢不影响整体工期。钢结构住宅中，楼梯可以采用与传统混凝土住宅相同的现浇楼梯，成本与传统混凝土住宅相同。如果采用钢楼梯，则需要在上面施工混凝土面层，提高使用舒适性，钢楼梯底面需要做防火保护；也可以用预制 PC 楼梯，需要调整施工塔吊的型号，满足吊装要求。因为选用钢楼梯或预制 PC 楼梯带来的成本改变，由建设单位根据政策要求、装配率指标计算等，灵活选择采用。所以，此部分的成本也是可控的。

问题 127：如何尽量节约钢结构住宅的成本？

实施建议：

钢结构住宅的成本组成分析，详见本节问题 1。为了节约钢结构住宅的成本，可以根据当地的装配式政策要求，在满足装配率指标的前提下，尽量多地采用传统技术成熟、价格透明的材料和工艺做法，有效降低成本。

对于一些新技术应用，政府可以通过政策调控。比如，政府土地出让时，可以在高端住宅项目中要求高装配率，应用更多的新技术新材料，因为高端住宅价格相对高，对成本增量的敏感度低一些。对于一些中低端住宅，政府限价很低，不可能比传统住宅有太多的成本增加空间，建议要求低装配率，尽量多采用一些价格透明的成熟技术。

对于建设单位，在拿地过程中，就要综合评估产品定位、预设的投资成本、装配率和新技术应用等，确定采用何种材料和工艺，来达到最好的实施效果。

2.7.2 钢结构住宅的成本增量

问题 128：与传统混凝土建筑相比，钢结构住宅的材料和施工成本增加有多少？

实施建议：

钢结构住宅的成本增加，就钢结构、防火涂料、楼板等单独分析。

1. 钢结构成本

钢结构住宅的材料直接成本增量，反馈在钢结构材料用量、加工制作成本、防火涂料、连接节点处理等方面。

钢结构材料成本表现在材料用量和制作成本上，一般用钢结构综合单价来表示，综合单价包含了钢构件的原材料、损耗、加工费、运输、安装及措施费、税管费、利润等。

钢结构的材料用量由设计确定，随项目高度、结构形式、地震条件、风荷载等变化较大；钢结构的制作安装成本经过市场竞争，价格基本透明，不同构件加工安装难度不同，可能会拆开详细报价。

以 7 度区常见户型为例，钢结构梁、柱、支撑（钢板墙）造价简单测算如下：

钢结构综合单价随材料价格、加工制作难度有变化，假定按 8000 元/吨的市场综合单价，2～6 层别墅用钢量约 $45kg/m^2$，钢结构成本约 360 元/m^2；15 层左右小高层用钢量约 $65kg/m^2$，钢结构成本约 533 元/m^2；33 层高层住宅用钢量约 90～$100kg/m^2$，钢结构成本约 720～800 元/m^2。

2. 防火涂料成本

防火涂料的造价，厚涂型非膨胀型防火涂料约 60 元/m^2，不含外层抹灰饰面；石膏浆料防火材料约 100 元/m^2，石膏表面基本可以达到饰面要求。

3. 楼板成本

楼板方面，钢筋桁架楼承板约 120 元/m^2，包含安装和合理的运输成本，不含模板拆除；装配式钢筋桁架楼承板约 170 元/m^2，以 10mm 竹胶板底模为例；附加钢筋和混凝土以 110mm 厚楼板为例，约 100 元/m^2。

综上所述，对于低多层和小高层住宅，只有梁柱用钢结构，楼板现浇，装配率在 40% 左右，造价基本持平；如果楼板用钢筋桁架楼承板，装配率可达 50%，比现浇贵 100～200 元左右。

对于 30 层左右的高层钢结构住宅，只有梁柱用钢结构，楼板现浇，装配率在 40% 左右，比现浇混凝土贵 100 元左右；如果楼板用钢筋桁架楼承板，装配率可达 50%，比现浇贵 200～400 元左右。

如果装配率再提高，需要用到装配式墙板和装配式装修，成本还会有进一步增加。

以上只是预估，没有按地震烈度和结构形式做更细的划分。

2.7.3 钢结构住宅成本分析案例

杭州龙湖紫荆天街钢结构住宅项目中，建设单位提供了传统现浇混凝土结构、装配率60％的钢结构、装配率20％的预制混凝土结构（PC）的造价分析，详细如下表2.7.3.1～表2.7.3.3所示。

传统现浇混凝土结构造价分析（含税价）　　　　表2.7.3.1

构件名称	单位	数量	综合单价	合价(万元)
地上	—	—	—	6,842
钢筋工程	t	4,420	5,808	2,567
混凝土工程	m³	28,560	751	2,144
模板工程	m²	149,600	84	1,254
砌体工程	m³	13,600	645	877
地下一层		—	—	1,595
钢筋工程	t	950	5,397	513
混凝土工程	m³	9,172	910	834
模板工程	m²	23,705	79	188
砌体工程	m³	924	639	59
措施费		—	—	726
脚手架	m²	81200	64	517
垂直运输	m²	81200	26	209
测算造价	元			9,163
单方造价	元/m²			1,128

装配率为60％的装配式钢结构造价分析（含税价）　　　表2.7.3.2

序号	构件名称	单位	数量	综合单价	合价(万元)
	地上				10,290
1	钢结构	t	6,714	9,390	6,304
2	楼承板	m²	62,523	173	1,079
3	钢筋工程	t	436	5,808	253

序号	构件名称	单位	数量	综合单价	合价(万元)
4	混凝土工程	m²	12,590	751	945
5	模板工程	m²	13,150	84	110
6	砌体工程	m³	15,782	645	1,018
7	钢结构防火涂料	m²	118,432	49	581
	地下一层				1,890
8	钢结构	t	318	9,275	295
9	钢筋工程	t	950	5,397	513
10	混凝土工程	m³	9,172	910	834
11	模板工程	m²	23,705	79	188
12	砌体工程	m³	924	639	59
	措施费				892
13	脚手架	m²	81200	45	365
14	垂直运输	m²	81200	49	395
15	材料场地堆放及运输	m²	81200	16	132
	预留金 3%		—		392
	测算造价	元	—		13,058
	单方造价	元/m²	—		1,608

装配率为 20% 的预制混凝土结构（PC）造价分析（含税价） 表 2.7.3.3

构件名称	单位	数量	综合单价	合价(万元)
地上				8,882
钢筋工程	t	4,420	5,808	2,567
混凝土工程	m³	28,560	751	2,144
模板工程	m²	149,600	84	1,254
砌体工程	m³	13,600	645	877
PC	m²	68,000	300	2,040
地下一层				1,595
钢筋工程	t	950	5,397	513
混凝土工程	m³	9,172	910	834
模板工程	m²	23,705	79	188

续表

构件名称	单位	数量	综合单价	合价(万元)
砌体工程	m³	924	639	59
措施费				1,286
脚手架	m²	81200	68	553
垂直运输	m²	81200	90	732
测算造价		元	—	11,762
单方造价		元/m²	—	1,448

第 **3** 章

钢结构住宅未来的发展方向

3.1 钢结构住宅的设计技术发展方向

3.1.1 产品设计的标准化

标准化设计是钢结构住宅的特点之一，能够有效提高深化设计、采购、加工等工作的效率，提高施工便捷性。在做好标准化设计的同时，兼顾个性化设计，是未来钢结构住宅的发展方向。

1. 建筑户型的标准化

装配式钢结构住宅规划设计时以建筑师为主导，从立面、户型设计入手，充分考虑钢材高强的特性，发挥钢结构体系的优势，从而充分体现大空间、可变户型、巧妙隐藏梁柱等优点。建筑户型的标准化，便于结构构件的标准化，便于集成厨卫和家具配套的标准化与系列化。

2. 结构构件标准化

热轧 H 型钢、钢管等是钢结构住宅常用的构件形式，通过结构设计归并，让构件标准化的钢结构构件便于原材料生产厂家批量制造，便于总承包方集中采购、集中仓储、缩短施工工期。

3. 部件标准化

楼板、墙板、外墙、内装等部品标准化，直接推动全产业链的生产效率，降低生产成本。目前，装配式钢结构住宅配套围护体系不完善，完善配套的标准化围护体系，是突破目前装配式钢结构建筑发展瓶颈的最佳路线之一。

4. 部品标准化

整体厨房、集成式卫浴、集成管井、其他标准化集成部品。标准化的部品与装修，便于原材料的标准化与个性化结合。

以 EPC 总承包为契机，进行适用于钢结构体系的户型、配套部品等建筑设计标准化研究，完善适用于钢结构的设计标准化体系建设工作，包括但不限于标准化构件截面尺寸选用、标准化节点设计、深化设计标准节点库建设等工作。

3.1.2　信息化技术在设计中的应用

钢结构住宅主结构均为钢构件，需要在工厂完成加工制作。在深化设计阶段需要由机电、幕墙、装修等专业进行预留洞口、连接板等提资，信息化技术的应用将提高该部分工作的质量和效率，使钢构件在工厂完成预留洞口和连接板加工，减少现场工序，提高构件质量。另外，信息化技术管理平台，可实现物联网管理，项目各相关方可通过物联网进行管理动作，对项目质量、进度、成本等方面均有一定效果。因此，信息化技术应该成为钢结构住宅的标配，且应用深度和广度可进一步开发。

采用建筑信息模型下沉的方式，以施工阶段三维模型为基础开展图纸深化工作，深化为全专业图纸深化，包括在考虑成本及设计意图前提下的构件编码、工艺工法、材料选用、工序安排、质量监测措施等。图纸深化团队建立后，以此为基础，编制较为详细的施工预算，而配合项目部编制项目策划书及施工组织设计，最终深入项目一线指导各个高层装配式钢结构住宅项目管理团队进行项目实施，切实发挥信息化在一体化建造中的纽带串联作用。

通过信息化手段进行设计，进行全专业建模，将钢结构构件、墙板围护部品、机电管线等深化工作提前在信息化技术中进行预演，在设计阶段做到建筑、结构、设备管线、装修、部品部件等一体化设计，将问题在设计阶段体现出来，从而更好地指导现场施工，提高现场施工功效，提升施工现场信息化水平。

3.1.3　全寿命周期的一体化设计发展趋势

一体化设计是未来的发展趋势。由建筑设计牵头的结构设计、装饰设计和机电设计一体化，考虑结构与建筑的融合，模数和标准化的部品构件。装饰设计与结构设计的相互融合，装饰与结构的连接节点互留以及标准化的连接方式，是未来的发展方向。

钢结构住宅是一个完整的建筑系统，涉及设计、制作、运输、施工、装饰装修、管理等全方位的工作，需要综合考虑各专业协调问题，提高钢结构住宅适用性能。钢结构住宅需要融合各方面的工作，例如装饰装修材料与楼板、墙板系统的集成化，结构部品的设计需要考虑运输造价、现场施工的无湿作业以及如何减少对二次装饰装修的影响等问题。因此，钢结构住宅研发团队不能只有结构设计人员，还需要建筑设计、工厂加工工艺、现场施工安装、装饰装修材料等各方面的技术人员。

一体化设计在未来钢结构住宅的发展中可实现设计与钢结构构件、围护体系部品的加工制造相结合，采用信息化技术，可指导钢结构工厂深化加工制作钢结构构件，提升制造精度和效率；可协调结构构件与墙板、门窗、装修部品等部件之间的关系，有效地进行部品部件的加工制造。

采用信息化技术，可在设计阶段实现建筑、结构、设备管线、装修、部品部件等一体化设计，将建筑与结构设计一体化进行，有利于避免钢结构住宅的凸梁凸柱问题；将设备管线与装修一体化设计，可提前在结构构件上预留孔洞，实现管线分析；将建筑设计与装修、部品部件一体化设计，可充分考虑钢结构住宅的部品部件规格要求，便于推动部品部件工艺技术的发展，使装修更加合理化。

3.1.4 定制化设计在未来钢结构住宅中的发展趋势

我国主要采用多高层集合住宅来满足国民日益增长的住房需求，随着国家经济的发展、社会新观念的产生和新技术的出现，以手机、家电和汽车等行业为代表的制造业开始出现个性定制服务以吸引用户，在国内的住宅建设中，个性定制鲜有被提及，或是技术条件不允许，或是产业配套未跟上。

近年来国内外开发商、建造商、建筑师等均对住宅的个性定制理念进行了深入探讨，旨在从根本上缓和当前住宅建筑中存在的单一化的产品形式与用户多样化、个性化的居住需求之间的矛盾。日本的新日本制铁、竹中公务店等5家公司20世纪70年代设计的"芦屋浜高层住宅"，就是将住宅楼的钢结构构件与各住户的建筑构成分离开，从而可获得多样的建筑平面布置，实现住宅的定制化。国内万科房产2016年9月份发布了无限系产品，即考虑住宅全生命周期、全客群户型、提供后期改造的无限可能、风格可选的个性化定制住宅产品，在业内引起巨大反响，随后万科在全国多个区域开始推广。国内其他大型房产公司也相继提出类似的新产品研发概念。

定制化设计被各大房产公司看好，主要有两方面原因：（1）从用户的角度来讲，随着全生命周期的推移，生长环境的变化，家庭结构的改变，自然就有换房的需求，但由于房价持续走高或保持高位，大家换房之路越来越难，现有的户型包括一些建筑结构也很难改造，定制化的装修价格也很高。在这种大环境下，买到精装房，也是千篇一律的，没有办法满足个性化的需求，达不到自己理想中的这种家。（2）从开发商的角度来讲，土地资源稀缺，竞争激烈，限价政策导致了利润被压缩，住宅产品的同质化比较严重，解决好这个问题对开发企业而言将有效增加产品竞争力，提高用户体验，对社会而言将有效促进住宅建筑的产业化发展，节约社会资源。

未来实现工业化的批量生产，住户可以通过基于互联网技术的信息化定制平台，工厂可以提前配置，并对其进行编码，客户网上下单，预订现场安装，元组件可回收，客户短时间内轻松实现换房梦想。

钢结构由于强度大、自重轻、抗震性能好、容易实现大跨度无柱空间、便于采用装配式墙板，在未来定制化设计住宅中，必将得到广泛应用。

3.1.5 新技术新材料在未来的发展趋势

在建筑领域，近些年随着科研手段的提升，新技术新材料的发展层出不穷。在钢结构住宅的技术发展方面，新材料表现在特种钢材和新型建筑材料的创新和应用，新技术表现在钢结构建筑本身的健康检测与监测，以及建筑使用过程中的一些新技术应用，比如智能消防、地震智能预测等。

耐候耐火钢可以较好地提升钢材的耐腐蚀性能和防火性能，减少防腐蚀涂料和防火材料的用量，节约成本。或者在相同处理工艺的情况下，有更好的耐久性，提高建筑的品质和寿命。耐候耐火钢在钢结构建筑中的应用不多，未来有很好的发展前景。

新材料包括新型墙体材料、新型保温材料、新型密封材料、防水材料、防水隔气膜、防水透气膜等，在被动式建筑、装配式建筑中逐步得到应用。随着技术的成熟、成本的降低，以及国内钢结构住宅的品质逐步提升，新材料会得到越来越多的工程应用。

电子科技、互联网、AI智能化在建筑领域的研究越来越多，智能家居设备、智能消防、智能安防、智能地震监测等设备在钢结构住宅中的应用，也是未来的发展方向。

3.2 钢结构住宅的施工技术发展方向

3.2.1 施工过程的机械化

"好、快、省"是施工核心竞争力，而"快"是目前钢结构企业应该实现但还未实现的点，需要施工组织理念、配套的施工设备和器具的创新，也会是施工企业的竞争力的主要体现方式，快速施工体系才是核心竞争力的发力点。而钢结构住宅施工企业快速施工体系的核心装备将是围护免外架、楼板免支模、安全防护、垂直运输及安装辅助平台机械化爬升等功能为一体的一体化施工作业平台。

目前，专业的小型施工机械设备相对缺乏。与钢结构住宅配套的部品部件由于重量一般超过人力承受范围，需要小型辅助设备，对于这类设备的研发需要自动化机械设备厂家配合，考虑到性价比和应用问题，目前此类厂家相对较少。同时，考虑到现有装配式配套产品的安装施工工作基本都由相应的产业化工人完成，而目前产业化工人无法满足日益增多的安装施工作业需求，且施工质量也无法得到保证，且装配式钢结构住宅在使用过程中所暴露的问题往往是由于施工质量导致的。为此，未来的自动化施工设备应根据装配式钢结构住宅的配套部品部件安装施工需求，分类分项进行开发，达到高质量完成安装施工的同时，减少产业化工人的需求，在不断推广的应用过程中不仅可保证装配式钢结构住宅的品质，而且可降低相应的人工成本。

3.2.2　建造的智能化

人工费用的上涨，人工智能设备的发展，将会促进自动化加工设备的研发，提高加工效率，标准化设计可有效促进这一发展趋势。

以柔性制造为目标的工厂智能化制造，在一定程度上降低了制造对标准化的要求，可以摆脱设计导致的智能制造无法实现的问题，同时降低成本。以视觉识别为核心的智能制造体系，将大大降低工人需求数量及焊接技能要求，提升生产效率，满足生产线小型化的前提。在两者皆实现的前提下，集装箱化智能生产线，在项目现场或附件进行生产，未来是可能实现的。

智能化物流是利用集成智能化技术，使物流系统能模仿人的智能，具有思维、感知、学习、推理判断和自行解决物流中某些问题的能力，在电子商务领域已经在飞速发展。钢结构住宅的建造过程中，从工厂到现场的运输环节，引入智能化物流，可以高效解决发货匹配、运输效率，有效减少现场堆放及周转，提高生产效率。

智能化现场管理也是通过智能技术，对施工各环节的调度和控制进行优化，通过自动化的组织方式，控制各流程的进度、实施、质量和结果反馈，达到现场少人工干预，高质量高效率的施工目的。

3.3　钢结构住宅生产管理方式的发展

3.3.1　工程 EPC 总承包

钢结构住宅是一个完整的建筑系统，适用于工程 EPC 总承包管理模式，需要施工单位由专业分包商向建筑系统集成商转变，由工程 EPC 总承包单位完成设计、采购、土建、钢结构、安装、装饰、交付等各环节的施工，有利于各专业协调，减少纠纷，有利于质量、进度、成本的控制。

矩阵式项目 EPC 总承包管理组织机构是指项目 EPC 总承包管理层、专业施工管理层分开的一种项目管理组织形式。实施项目 EPC 总承包管理层、专业施工管理层分开的目的，是通过强化项目 EPC 总承包管理层对项目整体的服务、协调、管控，提高对大型、复杂项目的 EPC 总承包管理。

工程 EPC 总承包在未来的发展，可以从如下几个方面理解。

1. 设计阶段，明确业主进度要求，为项目实施打好基础

项目前期重点应放在设计工作上，这个阶段的工作对于项目整体实施交付的质量、工期、成本等均有关键性影响。在设计阶段，总承包管理企业就应根据设计图纸和方案，做好统筹工程长周期使用的设备和物资、确定施工阶段关键线路等工作，为后续施工履约提供必要保障。

2. 物资采购统筹策划

物资采购是工程总承包管理模式最大的优势之一。物资管理工作是加快项目进度的重要环节；材料供应又是保证项目能否顺利进行的关键；设备和材料的及时到位则是工程顺利实施的必要前提。总承包管理企业的进度管理者要从系统管理的角度出发抓住每个阶段的关键重点工作，才能做到有的放矢。

3. 分析各专业施工工序，合理组织施工流程

高层钢结构住宅多专业交叉并行，只有合理的工序穿插才能使得项目质量与工期显著提升。而作为总承包管理方，全体项目部人员必须改变局限于土建施工管理的旧式思维，各部门管理工作如质量、安全、技术、商务等要向专业分包延伸，掌握专业分包的工作情况，提出总承包管理的目标和要求，进行过程控制，不能被动等待最终的结果

4. 编制总体进度计划

总进度计划需要简单明了，突出重点。在项目启动之初，总承包管理策划人员首先应收集业主指定的工作具体范围、项目进度控制要求，为编制总进度计划做好充分准备。项目开工初期，应按合同规定的开始和竣工日期，确定总的持续时间和目标完成日期，以确定工程计划开始日期、计划总工期和计划竣工日期，并根据项目过程中的重要节点，如结构出正负零、结构封顶、预售等，编制阶段控制性里程计划。

当前我国发展 EPC 项目模式的立法还比较薄弱，没有专门的法律法规来对 EPC 总承包模式的市场准入、法律定位进行界定，甚至存在发达国家先进的 EPC 总承包模式与我国现行建筑法规相抵触的矛盾，使得 EPC 模式存在合法经营的风险。

与工程项目的施工总承包相比，EPC 总承包模式需要 EPC 总承包单位具有更强的组织协调能力和资源配置能力，能力不足将可能导致工程项目的履约风险。

工程总承包模式的风险较为复杂，项目需从决策、设计、采购、施工、试运行和交钥匙五个阶段对项目风险源进行识别，得到各阶段的风险识别结果，针对各阶段不同的风险源给出应对的措施。

工程 EPC 总承包项目管理基本流程图如下图 3.3.1.1 所示。

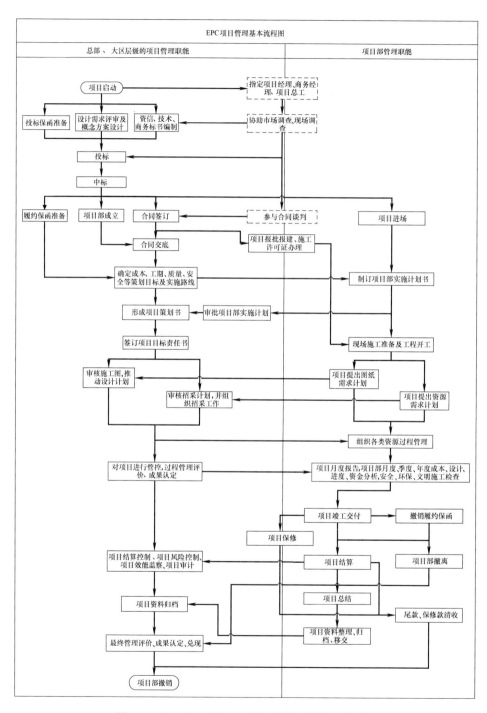

图 3.3.1.1 工程 EPC 总承包项目管理基本流程图

3.3.2　全过程咨询

国家发展改革委、住房和城乡建设部联合印发《关于推进全过程工程咨询服务发展的指导意见》（发改投资规〔2019〕515号，以下简称《指导意见》），在房屋建筑和市政基础设施领域推进全过程工程咨询服务发展，提升固定资产投资决策科学化水平，进一步完善工程建设组织模式，推动高质量发展。

《指导意见》指出，改革开放以来，我国工程咨询服务市场化、专业化快速发展，形成了投资咨询、招标代理、勘察、设计、监理、造价、项目管理等咨询服务业态。随着我国固定资产投资项目建设水平逐步提高，为更好地实现投资建设意图，投资者或建设单位在固定资产投资项目决策、工程建设、项目运营过程中，对综合性、跨阶段、一体化的咨询服务需求日益增强。这种需求与现行制度造成的单项服务供给模式之间的矛盾日益突出。因此，有必要创新咨询服务组织实施方式，大力发展以市场需求为导向、满足委托方多样化需求的全过程工程咨询服务模式。

全过程工程咨询，涉及建设工程全生命周期内的策划咨询、前期可研、工程设计、招标代理、造价咨询、工程监理、施工前期准备、施工过程管理、竣工验收及运营保修等各个阶段的管理服务。

钢结构住宅在国内应用较少，投资咨询、招标代理、勘察设计、监理、施工等各环节都不熟悉，市场需要慢慢培育。推动钢结构住宅建造的全过程咨询，可以由应用经验丰富的企业来主导，有效带动市场的技术发展，保证工程质量，是未来的发展方向。

3.3.3　产业工人培养

目前，应对日益增长的装配式配套部品部件安装需求，产业工人严重不足。产业工人的费用相对较高，但产业工人面对日益增长的作业量，为提高收入水平，在不同项目间切换的同时往往不能做到保证施工质量。未来钢结构住宅的企业应培养自己的产业工人，企业培养自己的、固定的产业工人队伍，有利于提高效率、降低成本、保证质量，从而推动装配式钢结构住宅的发展。

钢结构住宅项目需要公司的高度重视，由公司技术部门主导相关技术研发，并深入施工现场进行技术支持，对关键技术向管理人员进行多层次交底。培养钢结构住宅项目管理团队，并保持团队的稳定性。

要确定如何应对当前的人才缺乏现状，应从产业链分工的角度进行考虑，视企业及项目的具体情况进行具体分析。高层钢结构住宅的主要起始端为房地产企业，而后是设计、制作、施工等环节。在现行市场中，有项目管理能力较强的房地产企业业务向总承包管理延伸，具备设计能力的施工企业努力方向则是EPC

总承包模式，也具备产业工人队伍资源的施工企业向劳务延伸。虽然在单个项目中，开发、建设、制作、施工等单位分工会有较大差异，但其中一个环节是项目实施的关键环节，那就是图纸深化。此环节并非传统意义上的钢结构深化，而是全专业图纸深化，包括在考虑成本及设计意图前提下的工艺工法、材料选用、工序安排、质量监测措施等。图纸深化团队建立后，以此为核心，深入项目一线指导各个高层装配式钢结构住宅项目管理团队进行项目实施，采用以点带面的形式，进行人才团队梯队式培养。这样既缓解了前期的人才缺口，又保证了新体系推广阶段的项目管理可复制性。